人生百味

门忠民 ◎ 编

中国青年出版社

图书在版编目（CIP）数据

人生百味 / 门忠民编 . — 北京：中国青年出版社,2018.6（2023.7 重印）
ISBN 978-7-5153-5186-5

Ⅰ.①人… Ⅱ.①门… Ⅲ.①人生哲学－通俗读物 Ⅳ.① B821-49

中国版本图书馆 CIP 数据核字（2018）第 125822 号

人生百味

作　　者：	门忠民
责任编辑：	彭　岩　刘晓宇
出版发行：	中国青年出版社
社　　址：	北京市东城区东四十二条 21 号
网　　址：	www.cyp.com.cn
编辑中心：	010 - 57350407
营销中心：	010 - 57350370
经　　销：	新华书店
印　　刷：	北京盛通印刷股份有限公司
规　　格：	710mm×1000mm　1/16
印　　张：	21.75
字　　数：	120 千字
版　　次：	2018 年 7 月北京第 1 版
印　　次：	2023 年 7 月北京第 2 次印刷
定　　价：	80.00 元

如有印装质量问题，请凭购书发票与质检部联系调换
联系电话： 010 - 57350337

让人生充满阳光

一

人生,既是一个客观实在的生命历程,又是人们不断认识的对象。古往今来,从伟大的思想家到普通老百姓,无不对人生做这样那样的思考。

人的自我认识首先出于对世界、人生的好奇,回答人生遇到的各种问题,破解人生之谜,以满足人们求知的精神需要。

作为精神存在物,人面对包括自己在内的大千世界,总要问是什么,为什么,有何用等问题。千百年来人是什么?人从哪里来?要到哪里去?不绝于宗教、哲学的视野。古希腊圣城德尔斐神殿上刻着"认识你自己"的著名箴言。苏格拉底将其作为自己哲学原则的宣言,并认为人不能达到自我认识,就很难认识周围世界。在我国古代,人的本性是善还是恶,人的境遇是命中注定还是自己决定等问题一直困扰着人们。而古今中外,关于"人生意义"问题深深蕴涵在人的自我认识中。人生在世,终有一死。人活着的时候就知道自己的死是不可避免的。这在人的观念中就产生一个矛盾——人既然迟早必死,何必当初有生?生命意义何在?这个问题人们平常未必在意,但在某些时候会被特别关注,如青春反叛期或特别困难的时候。这时人会自觉思考人活着有什么意义?怎样才能活得有意义?

人的自我认识的根本目的在于为自身提供生存智慧,使人活得更理性、更睿智、更有价值。

人的意识与人的活动具有相互作用的特性。人的认识来源于实践,人又是在思想、观念指导下活动的。在人生现实与人的自我认识之间,二者的相互影响尤为强烈。人们总是按照自己对人生的看法、态度待人接物处事的,因而他们对人生的认识是什么,就有什么样的人生过程,或者说,他们的世界,就是自己的看法;他们的人生高度,取决于人生态度。很显然,如果一个人相信世界充满了爱，那么，他的世界很可能就是温暖的。因为他总以肯定的态度理解别人投来的目光，会热情地对待周围的人，在他与周围世界的相互作用中形成的人际关系一定是有温度的，他会活得欢欣而温暖。反过来，如果他相信生命是孤苦的，他就可能会以戒备的态度看待、理解周围的人，就会什么都看不顺眼，总是指责抱怨。自己躲在阴暗处，还嫌太阳不照他。这样，他的世界当然就是另一个样子。由于人生观与人生现实之间关系如此密切，因而人们对人生问题给予了极大的关注，不断探索人生真谛，努力学习人生智慧。

人的自我认识，除了认识一般的"人"外，还有特殊的人，即本人。古人云，人贵有自知之明。把人的自知称之为贵，可见自知之不易，说明能自知是智慧的表现。人对自己有准确的认识，才能明确自己的社会地位和作用，不至于做德薄而位尊、智小而谋大、才弱而任重的傻事。人能自知，就不会自恃才高，故步自封，停滞不前；也不会自惭形秽，无所作为，而会扬长避短，快速进步。

人类的自我认识，还具有激情励志、鼓舞人心的作用。

人文教育的本质是：一棵树摇动另一棵树，一朵云推动另一朵云，一个灵魂唤醒另一个灵魂。在人生旅途中，难免困难、挑战和不幸，需要航标、明灯的引导，需要甘霖的启蒙和滋润，使人在山穷水尽处看到柳暗花明，在迷惑茫然中豁然开朗，在痛苦困厄中大彻大悟。当你一路坎坷，认为自己命不好时，哲人们会告诉你：命运是上帝发给你的一手牌，打好打坏全靠你自己。成功需要运气，但越努力越幸运。因此，不要期待命运的安排，必须靠自己努力改变命运。当你遇到挫折、失去信心、陷入绝望时，先贤会鼓励你：没有绝望的环境，只有环境中绝望的人。自信是成功的第一秘诀。拥有自信，就等于拥有能力；决心成功往往就等于真正的成功。当你为某些事陷入烦恼、痛苦时，哲人会提醒，你的痛苦可能不是问题本身带来的，而是你对问题的看法产生的。只要改变你的人生态度，痛苦就会自然消除。

歌德说："人类最根本的研究还是人本身。"哲学作为人类最古老的学问，从根本上说，就是人学、是人生观。人类最古老的意识形态是宗教和哲学。如果说宗教是关于人的死的观念，讲人死后如何升入天堂，脱离人生的痛苦的话，那么哲学就是关于人的生的学说，是教人如何生活，让人知道什么样的人生才是值得的、有意义的。我们通常说哲学是世界观，其本意是哲学是关于人与世界的关系问题。人生的智慧就在于如何处理人与自然、人与社会、人与自我（自我也是世界的一部分）的关系。在这个意义上，哲学既是世界观，也是人生观。用冯友兰先生的话说，哲学是对人生切要问题的研究，是确立理想人生，以此评判实际人生，并给人提供行为之标准。这一点在中国哲学中表现得很充分。中国传统哲学主要由儒、释、道构成。其中，儒家讲德性，强调"进"、崇尚"刚"，体现道德性的进取精神；道家是道心，重视"隐""韧"，是"无为而无不为"的道德智慧；而佛家的佛性是"退"、是"忍"，是内在伦理冲突的最后避难所。这三者结合，形成中国伦理精神刚柔相济、进退互补的三维结构，它们三者之间自我满足，自我平衡，具有克服各种人生和人伦矛盾的作用，从而使得中国人，尤其是知识分子在任何情况下都不会丧失安身立命的基地。

二

几年前，从行政工作岗位退下来后，朝花夕拾，有闲翻阅、整理过去专事教学科研期间的成果、讲稿、资料时，感到有些内容很有意思，特别是读书笔记、资料卡片、报刊剪贴中有关人的文章、名言、语录等。我每读到哲人先贤的名言佳句时，往往感到他们说出了自己想说的话，或者是自己不曾想也想不出来的话，被他们深邃的思想、崇高的情感、精粹的语言所折服。于是，我想到，何不把这些思想整理出来，供更多的人享用。为此，我又阅读了自己所能看到的有关人生方面的书籍、报刊，并参考了有关资料，编成了这本小册子。

在学习、编辑本书的过程中，我感到人生问题尽管方方面面，多种多样，但人要活得精彩，活出意义，生活充满阳光，需要做到以下几点：

一是自强自立。人虽然生活在社会中，离不开他人，但人生的路要靠自己走，自己是自己真正的主人。人生的曲线——成功与失败、欢乐与痛苦、平静缓慢与起伏跌宕，都是自己画的，任何人都无法代劳。在不同的人生境遇面前，有一件事情是贯穿始终的，那就是必须不断提高自己的素质和水准。人只有经过自己的努力奋斗，取得成就，才能立足于世。自强才能自立，有为方可有位。从王侯将相、朝野名流到平民百姓，不自强而能事业有成的人，在天底下还没有过。当你还是一棵小草的时候，别指望别人看到你，相反，不经意还会从你身上踩过；只有你成长为一棵参天大树时，别人才会远远看到，乃至欣赏你。人别太依赖别人，你在黑暗中挣扎时，连你的影子也会离开你。只有自己拯救自己，上帝才会帮你。你可能出身贫贱，但寒门出贵子，只要你顽强拼搏就可能富贵；你的生存环境可能不佳，但你自身就是自己的生存环境之一，你有责任改变环境；你暂时可能还没有理想的人生舞台，但不要懈怠，机遇从来垂青于有准备的人。人要做自己生活的主角，不要总是在别人的戏剧里充当配角；生活不是给别人看，也不要照着别人过日子，走自己的路，活出自己的风格。

二是利己利人。人作为自然界的生命个体，必须与周围世界进行物质、能量、信息交换。人非土石，孰能无欲。人的需要、欲望是天然的、本能的、无法剥夺的。同时，越是适合人的需要的、能满足人的欲望的对象，越能给人带来舒适、快乐、幸福。因而，见异思迁、喜新厌旧，争取利益最大化也是人的天性。正因为如此，利己是人的本性。马克思主义在肯定利己行为的合理性、承认个人正当利益的同时，又强调利人、利他的必要性。人作为社会动物是通过相互扶助而前行的。没有他人，特别是父母的利他行为，人就无法存活。所以父母养育子女，子女孝敬父母的责任和义务，是绝对的、无条件的。普通个人之间，你想获得友谊，那就必须为你的朋友效力。你帮助了别人，也获得了肯定，得到了快乐。生命是一种回声，你哭他也哭，你笑他也笑。所以，人要一半想自己，一半想别人。在个人与集体之间，联合起来的群体力量大于单个力量的相加；个人的能力是有限的、单一的，而需求是无限的、多样的，个人只有通过与他人交换，才能满足自己的各种需要；集体是个人成长和施展才华的土壤、舞台，个人加入集体才有力量。所以，群众大于天，人民大于地。古今中外的优秀人物、先进分子无一不把集体利益放在第一位，为了国家、民族利益而不惜个人一切，以至献出宝贵的生命。

三是淡然淡定。人是一种精神存在物，人既活一口气，更活一颗心。有位哲人说过："做人的极致是平淡"。人淡如菊，心静似水，是一种宽阔的胸怀，高雅的气度，美好的境界。有了这种心态，就会淡泊名利、志存高远，不为个人功名利禄煞费苦心，而把众人的快乐和幸福记在心上，从而在生命的旅途中走得更远。有了这种心态，就会直面困难和挫折，甚至笑对磨难，把它看作锻炼自己意志、考验自己能力的机会，并着力从谷底腾飞。有了这种心态，人就会理性地与他人比较，天天都会很快乐。人追求自己的幸福并不难，难的是一定要比别人幸福。心态淡定的人会明白，财富的多少、地位的高低是相对的，因而人要学会换位思考。

四是适时适度。为人处世，贵在因时而变，行止适度。世异则事变，时移则俗易，故圣贤人杰从来都是随时而举事。人生成功的秘诀是当好时机来临时，立刻抓住它、利用它，开辟出一块属于自己的天地。人生遗憾的是坐失良机，当断不断，反受其乱。人生有度，误在失度，坏在过度，好在适度。人生做事处人要宽严相济、远近有间、有进有退、有张有弛……这都是孔子说的：执其两端，用其中，是为高明。

古有"礼义廉耻,国之四维;四维不张,国乃灭亡"之说。做人也必有一些为纲为本的要素。综上所述,我认为,立己、利人、平和、有度是撑起人生大厦的四根柱子。当然最根本的还是前两个方面,人能自强自立,又能广济天下,就已德才兼备,够"圣人"的了。再有良好的心态,到位的行为,就更完美了。人能活得轻松愉快,云淡风轻,宁静自然,"宠辱不惊,闲看庭前花开花落;去留无意,漫随天外云卷云舒",多舒心啊。能行为适时适度,举止恰到好处,含而不露,哀而不伤;宽厚不使人有所恃,精明不使人无所容,多服人啊。

三

编辑本书的目的,是给读者提供一个与古今群贤、中外哲人对话的平台,通过与他们交流思想、开阔眼界、吸取养料、激发智慧,从而追求理想的人生境界。那么,理想的人生境界是什么?对此,古人早已做了回答:真、善、美。本书选择了有关求真、向善、祈美的内容,以期对人们实现人生理想境界有所启迪。

"真"是这样一种理想境界:指人在认识和行为上达到了与客观对象的本质和规律的高度统一。表现为"真知"和"信仰"两个方面。人以自身为对象,真就是达到对人本真的认识,懂得人生真谛,学做"真人"。对人的真知,主要涉及人是什么,人有什么特点等问题。本书中关于人的本质、人性、人心、人情等问题的论述,都是对人的本真的认识。人的信仰,就是对人生根本目标的确定,明确什么样的人生是值得追求的、有价值的;什么样的人,才是真正的人。本书中有关信仰、理想、卓越等论述为解答这些问题提供参考。

"善"是这样一种理想境界:指人的需要的充分满足和人际关系和谐状态。通常人们是在伦理道德的意义上理解善,指一种人际关系。广义的或哲学范畴的善相当于"好"、或正价值,包括功利和道德两个方面。人们追求善就是对这二者及其和谐关系的追求。功利源于人的需要,人的需要是对外部条件的依赖,是人的一种客观实际,由此决定了"人们奋斗和争取的一切都同他们的利益有关"(马克思),在现实生活中,个人利益和他人利益、集体利益是会有矛盾的,道德的作用就是调节二者的矛盾,维护他人利益、集体利益。因此,讲道德、重情义,实际也是讲利,是"利人",是一种大利。正如我国古代思想家墨子所言"义者,利也"。人类追求善的过程,是在功利与道德的统一和转化中实现的。功利是道德的基础，道德是功利的保障，在道德的规范和引导下，才能实现社会功利。因此，本书一方面收入了有关人的需要、利益、金钱等的相关论述，又选编了大量关于个人道德修养的内容，教育人们要把社会和公众利益放在第一位。

"美是这样一种境界：人从对象那里充分体验到人生的意义和乐趣、生活的健康和积极内容、人的自由和创造的力量，主客体达到高度的统一和和谐。"[①]真，是人的观念与对象的符合，是以认识对象为目的的外向的统一；善，无论功利的实现，还是道德的践行，都带有必须的、不得已的性质，是社会各种规定性的统一；而美，是在前两者的前提下实现的更高层次的统一。它超越了外在必然性和包括道德在内的理性法则的限制，达到了完全由自己做主的自由境界。美的实质是人的自由创造和全面发展，是对幸福、和谐、刚健有为的生活状态的一种追求。人的全面而自由发展是马克思主义追求的最高目标。本书选编的自由、创造、幸福等篇章反映了这方面内容。

最后，我想要说的是，本书选摘名家语录，体现人生哲学主题。格言是众人的智慧，也是一人的文采。格言是抽象过的人生体验，是浓缩了的生命感悟，是对人生真谛的揭示和表达。格言蕴含厚重深刻的道理，是一代代人关于生活的遗训，具有鲜明的劝诫和教育意义。真理是朴素的。生活智慧往往是人人心中有，个个口中无。名家的经典语录具有永恒的价值，值得我们反复品读。

所以建议诸君鉴赏本书内容，"观水有术，必观其澜。"（孟子）"运用脑髓，放出眼光，自己拿来。"（鲁迅）谨请参考。是为序。

---

① 李德顺著《价值新论》，中国青年出版社，1993年12月版，第188页。

目 录

一、人之为人
1. 人是宇宙的精华 …………… 002
2. 人是劳动的产物 …………… 002
3. 人是万物的灵长 …………… 003
4. 人是社会关系的总和 ……… 004
5. 人性是文化的结果 ………… 005

二、人生境界
1. 人生有境界 ………………… 007
2. 人生境界的结构 …………… 007
3. 人生境界的层次 …………… 008

三、人生旅程
1. 人生是一场旅行 …………… 009
2. 不同站点，风景各异 ……… 009
3. 人生享受过程最重要 ……… 011

四、人生意义
1. 人生本无意义 ……………… 013
2. 人要赋予生命以意义 ……… 013
3. 人生的意义取决于自己对人生的理解 015
4. 人生的意义在于奉献 ……… 016

五、生命体悟
1. 人生不能没有自我认识 …… 017
2. 人的世界就是自己的看法 ………… 017
3. 人生这本大书要读一辈子 ………… 019

六、人生支柱
1. 人生须自主 ………………………… 020
2. 人生要自立 ………………………… 021
3. 人生当自强 ………………………… 021
4. 人别太指望和依赖别人 …………… 022

七、人的命运
1. 命运是人力不可抗拒的必然性力量 023
2. 命运掌握在每一个人自己手中 …… 024
3. 生命时时在幸与不幸之间摆动 …… 025

八、人的选择
1. 选择比努力更重要 ………………… 027
2. 不同选择造就不一样的人生 ……… 027
3. 以平常心对待选择结果 …………… 028

第二篇 修身

九、信仰
1. 信仰是人的精神家园 ……………… 030
2. 信仰是人的终极追求 ……………… 031
3. 文化信仰 …………………………… 032

001

4. 社会信仰 …………………… 033
5. 宗教信仰 …………………… 033

十、胸怀
1. 志向远大，胸怀天下 ………… 035
2. 识多见广，站高望远 ………… 036
3. 历经冰霜，笑对风雨 ………… 037

十一、心态
1. 心态决定命运 ………………… 039
2. 平其心，观天下之理 ………… 040
3. 大其心，爱天下之人 ………… 040
4. 定其心，应天下之变 ………… 041

十二、得失
1. 不完满是人生的常态 ………… 042
2. 鱼和熊掌不可得兼 …………… 042
3. 人生最大的智慧是懂得放弃 … 043
4. 得而复失的东西最珍贵 ……… 043

十三、奉献
1. 奉献是生命的真理 …………… 044
2. 人因奉献而伟大 ……………… 045
3. 奉献体现人生价值 …………… 045

十四、自省
1. 人不要把自己看得太重 ……… 047
2. 人贵有自知之明 ……………… 047
3. 少一些计较之心 ……………… 048

十五、节俭
1. 节是自然社会的普遍法则 …… 050
2. 节俭是一种美德 ……………… 050
3. 节俭是理家治国的原则 ……… 052

十六、敬畏
1. 人要常怀敬畏之心 …………… 054
2. 敬畏生命 ……………………… 055
3. 敬畏百姓 ……………………… 055
4. 敬畏权力和法律 ……………… 056
5. 敬畏道德 ……………………… 057

十七、廉洁
1. 俭以养德，廉以立身 ………… 058
2. 知足则乐，务贪必忧 ………… 059
3. 一身正气，一尘不染 ………… 060

十八、良心
1. 良心是是非的仲裁者 ………… 062
2. 良心是社会秩序的保护神 …… 062
3. 凭良心说话办事 ……………… 063

十九、感恩
1. 滴水之恩，涌泉相报 ………… 064
2. 恩德暖人，永记心间 ………… 065
3. 以怨报德，禽兽不如 ………… 066

二十、正直
1. 正直是一种高尚品质 ………… 067
2. 正直是治国理政之道 ………… 068
3. 做一个正直的人 ……………… 069

二十一、独处
1. 独处赢得自由 ………………… 071
2. 寂寞孕育灿烂 ………………… 071
3. 孤而不独是一种大境界 ……… 072

二十二、习惯
1. 习惯决定命运 ………………… 074
2. 良好习惯一辈子受用不尽 …… 074
3. 人应该支配习惯 ……………… 075

二十三、教养
1. 文明就是造就有教养的人 …… 076

2. 有教养才能走向成功 ………… 077
3. 要理性支配情绪 ………… 077
4. 中国传统礼仪 ………… 078

二十四、个性

1. 人生各自走着不同的路 ………… 080
2. 认识和发展自己的优秀个性 ……… 081
3. 个性要得到社会认可 ………… 082

二十五、谦虚

1. 谦虚起于自我渺小的意识 ………… 083
2. 不满是向上的车轮 ………… 083
3. 谦虚是一种处世哲学 ………… 085

二十六、幽默

1. 幽默是心灵的微笑 ………… 087
2. 幽默是智慧的闪光 ………… 087
3. 幽默是才能的体现 ………… 088
4. 幽默是修养的表露 ………… 089

二十七、成熟

1. 从容淡定 ………… 090
2. 理智大气 ………… 091
3. 坦诚自信 ………… 091

第三篇　为人

二十八、善良

1. 心地善良，最美人性 ………… 094
2. 传递善良，增加阳光 ………… 095
3. 予人玫瑰，手有余香 ………… 095

二十九、宽容

1. 宽容是一种境界 ………… 097
2. 宽容是一种修养 ………… 098
3. 宽容是一种智慧 ………… 099

三十、真诚

1. 真诚是人生的最高美德 ………… 100
2. 诚信是立身之本 ………… 101
3. 诚实是处世法宝 ………… 103
4. 诚信是国家的宝贵财富 ………… 104

三十一、坦率

1. 浩然正气，光明洁净 ………… 106
2. 毁誉无波，顺逆不惑 ………… 107
3. 心底无私，目中有人 ………… 107

三十二、厚道

1. 温温恭人，维德之基 ………… 109
2. 严己宽人，兼容并包 ………… 110
3. 难得糊涂，吃亏是福 ………… 110

三十三、责任

1. 责任担当，社会使命 ………… 112
2. 事不避难，义不逃责 ………… 113
3. 责任崇高，人性伟大 ………… 113

三十四、互助

1. 互助互利，生存需要 ………… 115
2. 礼尚往来，助人助己 ………… 116
3. 舍己为人，爱播大地 ………… 117

三十五、乐群

1. 人是群居的社交动物 ………… 118
2. 群众力量大于天 ………… 119
3. 合群是人的最高需要 ………… 119
4. 亲民是为政之本 ………… 120

三十六、和谐

1. "天人合一"是中国传统文化核心理念 122
2. 冲突产生和谐需要 ………… 123
3. 追求和谐之美是人类的本能 ……… 123
4. 世间处处需和谐 ………… 124

三十七、尊重
1. 人的尊严比什么都重要 …………… 126
2. 每一个人都值得尊重 ……………… 126
3. 尊重别人就是尊重自己 …………… 127

三十八、自尊
1. 自尊心是人追求完美的动力 ……… 129
2. 他尊要以自尊为前提 ……………… 130
3. 只有学会自尊才能尊重他人 ……… 130

三十九、理解
1. 理解是沟通的桥梁 ………………… 132
2. 理解是以同情心观照别人 ………… 132
3. 理解是从对方的角度考虑问题 …… 133

四十、善用
1. 识人全面深入 ……………………… 134
2. 选人德才兼备 ……………………… 135
3. 用人取长使工 ……………………… 135

四十一、友情
1. 友谊是人与人之间的好感 ………… 137
2. 友谊是人生一件乐事 ……………… 138
3. 朋友是人的一面镜子 ……………… 139
4. 朋友要真诚和互助 ………………… 140
5. 友情宜淡不宜浓 …………………… 140

四十二、淡定
1. 人生如茶，淡是真味 ……………… 142
2. 顺其自然，随遇而安 ……………… 143
3. 宠辱不惊，去留无意 ……………… 144

四十三、人格
1. 人格是在实际生活中锻炼出来的 … 146
2. 人格是一切价值的基础 …………… 146
3. 追求理想的人格 …………………… 147

第四篇　处世

四十四、交往
1. 交往乃社会生活之必需 …………… 152
2. 交往以友善为前提 ………………… 153
3. 以心相交方久远 …………………… 154

四十五、公正
1. 人人生而平等 ……………………… 155
2. 公平正义比太阳还要光辉 ………… 156
3. 为人至境在于践行道义 …………… 156
4. 理国要道在于公正平等 …………… 157

四十六、规矩
1. 万物莫不有规矩 …………………… 159
2. 社会生活离不开规矩 ……………… 160
3. 规矩重在遵守 ……………………… 161

四十七、利弊
1. 人生有价值是因为有悲剧 ………… 163
2. 生命中的暗礁激起美丽的浪花 …… 163
3. 人生没有捷径 ……………………… 164

四十八、权衡
1. 明白取舍 …………………………… 165
2. 趋利避害 …………………………… 166
3. 先公后私 …………………………… 166

四十九、策略
1. 一切以条件为转移 ………………… 168
2. 说话办事以合适的方式呈现 ……… 168
3. 要学会忍耐 ………………………… 168

五十、变通
1. 万物皆流，无事不变 ……………… 170
2. 因地制宜，随时举事 ……………… 171
3. 因人而异，四海通达 ……………… 172

五十一、中和
1. 中和是万物的艺术美境 ………… 173
2. 适度是人生的哲学妙悟 ………… 174
3. 失度是生活的悲剧泉源 ………… 175

五十二、曲直
1. 无直不曲，无曲不直 …………… 177
2. 威武不屈，刚正高洁 …………… 178
3. 随缘转境，能屈能伸 …………… 179

五十三、急缓
1. 每临大事，当机立断 …………… 180
2. 事缓则圆，张弛有度 …………… 180
3. 深养厚积，终成大材 …………… 181

五十四、进退
1. 进是永恒的主题 ………………… 182
2. 以退求进是一种智慧 …………… 183
3. 进退各宜，圣人之道 …………… 184

五十五、刚柔
1. 舌存齿亡，柔能克刚 …………… 185
2. 刚柔相济，万事以和 …………… 185
3. 该柔该刚，效果考量 …………… 186

五十六、远近
1. 人生如下棋，深谋远虑者胜 …… 187
2. 熟悉的地方没有风景 …………… 188
3. 亲贤臣，远小人 ………………… 188

五十七、慎言
1. 美妙的语言是思想的光辉 ……… 189
2. 管住自己的舌头是人的第一美德 … 189
3. 绳是长的好，话是短的好 ……… 190
4. 言行如一，恪守信用 …………… 191

五十八、低调
1. 低调是宠辱不惊的胸襟 ………… 193
2. 低调是严以律己的修养 ………… 193
3. 低调是为人处世的智慧 ………… 193

第五篇　立业

五十九、梦想
1. 人因梦想而伟大 ………………… 196
2. 梦想蕴藏着极大的力量 ………… 197
3. 梦想通过行动变为现实 ………… 197

六十、勇气
1. 勇气是人心中的一盏灯光 ……… 199
2. 挑战要靠勇气来迎接 …………… 199
3. 伟人皆勇敢 ……………………… 200

六十一、自信
1. 自信是成功的秘诀 ……………… 202
2. 不要小看自己 …………………… 203
3. 自信赢得美好 …………………… 203

六十二、自律
1. 自律是人类的一个医生 ………… 204
2. 只有征服自己才能征服世界 …… 204
3. 只有管好自己才能管理别人 …… 205

六十三、激情
1. 激情来自真正的喜爱 …………… 207
2. 激情是心灵的青春 ……………… 207
3. 激情铸就辉煌 …………………… 208

六十四、勤奋
1. 勤奋使人生成为流动的风景 …… 210
2. 功名来自勤奋 …………………… 211
3. 人生之春是熬出来的 …………… 212

六十五、意志
1. 有志者事竟成 …… 213
2. 意志坚强是伟大人物的显著标志 …… 214
3. 意志产生才能与智慧 …… 215

六十六、克难
1. 生命因坎坷而精彩 …… 216
2. 困难是勇敢者前进的脚踏石 …… 217
3. 困难存在的价值 …… 218

六十七、创新
1. 我创造，所以我存在 …… 219
2. 好奇心是创新的强劲动力 …… 221
3. 疑问是创新的基本前提 …… 222
4. 独辟蹊径是创新的有效方式 …… 222
5. 只会模仿的人永远是矮子 …… 223

六十八、机遇
1. 机遇是人生成功的因素之一 …… 224
2. 善于捕捉机会者为俊杰 …… 224
3. 机遇只会给有准备的人 …… 225

六十九、方法
1. 工欲善事，必先利器 …… 226
2. 事无定规，法无常态 …… 226
3. 方法种种 …… 227

七十、细节
1. 千里始足下，高山起微尘 …… 229
2. 小事成大事，细节定成败 …… 230
3. 防微杜其渐，避免滋祸端 …… 231

七十一、惜时
1. 时间如流水，一去不复回 …… 233
2. 只有珍惜时间，才能活出精彩 …… 234
3. 过去未来无限期，"今日"最宝贵 …… 235

七十二、成败
1. 成败乃人生的孪生兄弟 …… 236
2. 失败是成功之母 …… 236
3. 成不忘败常忧患 …… 237
4. 反败为胜靠自己的奋斗 …… 238

七十三、教育
1. 教育是培养人的精神长相 …… 240
2. 教育是增强人的主体能力 …… 240
3. 教育者要懂得教育对象 …… 241

七十四、读书
1. 读书使人舒展生命 …… 242
2. 读书使人放大格局 …… 243
3. 读书使人开启智慧 …… 243
4. 读书使人增进修养 …… 244
5. 读书要讲究方法 …… 245

七十五、思考
1. 思考致远，思考致胜 …… 247
2. 独立思考，绝不盲从 …… 248
3. 思而后行，谋定而动 …… 248

七十六、智慧
1. 做智慧之人 …… 250
2. 奠智慧之基 …… 251
3. 办智慧之事 …… 252

七十七、兴趣
1. 好奇是兴趣的萌芽 …… 253
2. 兴趣是学问的老师 …… 253
3. 兴趣是成功的钥匙 …… 254

七十八、实践
1. 理论是灰色的 …… 256
2. 实践之树常青 …… 256
3. 人是自己行动的结果 …… 257

七十九、自由

1. 自由是人的美好天性 ……… 259
2. 自由是对必然的认识和世界的改造 261
3. 自由是做法律许可的事的权利 …… 262
4. 自由以责任为前提 ……… 263

八十、人才

1. 世有贤才，国之宝也 ……… 264
2. 人尽其才，赏罚分明 ……… 265
3. 德才兼备，以德为先 ……… 266
4. 成才有道，顺应而为 ……… 267

八十一、卓越

1. 人有无穷的潜能 ……… 268
2. 人要争取把每一件都做得精彩绝伦 268
3. 人要把上升势能作为信仰和寄托 … 269

第六篇 生活

八十二、需要

1. 需要是人的本性 ……… 272
2. 人的需要有层次 ……… 273
3. 欲望不可放任 ……… 274

八十三、利益

1. 天下熙攘，为利来往 ……… 275
2. 治国之道，必先富民 ……… 276
3. 正当谋取，慷慨使用 ……… 277

八十四、名誉

1. 名誉最宝贵 ……… 278
2. 荣誉是人向前的动力 ……… 279
3. 名为公器勿多取 ……… 280
4. 不为虚名所累 ……… 280

八十五、目标

1. 目标是人生的罗盘 ……… 282

2. 崇高的目标使人生具有意义 ……… 282
3. 目标的价值在于实现 ……… 283

八十六、婚姻

1. 婚姻以爱情为基础 ……… 284
2. 美满的婚姻是人生最大的幸福 …… 284
3. 婚姻是人成长的最好机会 ……… 285

八十七、爱情

1. 爱是最深的喜欢 ……… 286
2. 爱情使人完美 ……… 287
3. 爱就是奉献 ……… 287
4. 爱情是一条流动的河 ……… 289

八十八、亲情

1. 亲情是人间最珍贵的感情 ……… 290
2. 爱往下走 ……… 290
3. 百善孝为先 ……… 291

八十九、父子

1. 世代相传使人得以永生 ……… 293
2. 父母是孩子的第一所学校 ……… 294
3. 要学会做父母 ……… 295

九十、夫妻

1. 夫妻应该主动关怀对方 ……… 296
2. 世界上没有完全契合的夫妻 ……… 296
3. 夫妻相处有讲究 ……… 297

九十一、女人

1. 漂亮优美的形象 ……… 299
2. 夺人心魄的韵味 ……… 299
3. 无与伦比的价值 ……… 300

九十二、男人

1. 庄严大气 ……… 301
2. 海纳百川 ……… 301

3. 男女之比较 ·········· 302

九十三、青春
1. 青春是美丽的 ·········· 303
2. 青春是编织梦想的时光 ·········· 303
3. 青春是绽放美丽花朵的岁月 ·········· 304

九十四、老年
1. 夕阳无限好，只是近黄昏 ·········· 306
2. 年景虽云暮，霞光犹灿然 ·········· 306
3. 暮岁皆宜淡，怡然养天年 ·········· 308

九十五、健康
1. 健康是最大的财富 ·········· 310
2. 心情愉快是健康的根本 ·········· 310
3. 适度运动是健康的源泉 ·········· 311

九十六、快乐
1. 生活就是行乐 ·········· 312
2. 知足常乐 ·········· 313
3. 仁爱必乐 ·········· 313
4. 追求生乐 ·········· 314

九十七、闲适
1. 不为有功之功，不为有名之名 ·········· 316
2. 少欲则心静，心静则事简 ·········· 317
3. 忙碌诚可贵，闲暇亦神圣 ·········· 317

九十八、幸福
1. 幸福是人的最高追求 ·········· 320
2. 幸福是心灵的感觉 ·········· 320
3. 幸福是生命意义的实现 ·········· 321
4. 幸福其实很简单 ·········· 322
5. 幸福需要生活智慧 ·········· 323

九十九、金钱
1. 金钱代表财富 ·········· 324
2. 取之有道，袋有心无 ·········· 324
3. 要做金钱的主人，不做金钱奴隶 ·········· 325
4. 博施济公，散财共享 ·········· 325
5. 够用为宜，本草是鉴 ·········· 325

一百、生死
1. 生死不由己，来去咫尺间 ·········· 327
2. 活好每一天，甘心不甘心 ·········· 328
3. 立就德功言，身后大不朽 ·········· 329

第一篇 总论

人生是一本大书,
能读进去并读懂的是聪慧,
能读进去又能读出来的是智慧,
能读出来并参透的是觉慧。

——巴特尔

一、人之为人

1. 人是宇宙的精华

人是自然的产儿,但能改变自然,由被支配的地位,转变为支配的地位。人是能克服自然使其合乎人的需要的。人是自然的一部分,因而人也可以作为管理自然的司机。文化便是人改造自然的成绩。

——张岱年

天为人之所本,人为天之所主,即自然中物类演化之所至。宇宙大化,无生物演化而有生物,生物演化而有有心之生物,至于人类,可谓物类中最优异者。人居于天中而能知天,人为物类中之一物而能宰物。故人为自然演化之所至。

——张岱年

生命是蛋白体的存在方式,这种存在方式本质上就在于这些蛋白体的化学组成部分的不断的自我更新。

——恩格斯

生命就是有机物所固有的运动的总和,而运动则只能是物质的一种性质。

——霍尔巴赫

水里的游鱼是沉默的,陆地上的兽类是喧闹的,空中的飞鸟是唱着歌的。但是,人类却兼有海里的沉默、地上的喧闹与空中的音乐。

——泰戈尔

2. 人是劳动的产物

人是用智慧制造器具的动物。

——胡适

人是什么？人在生物界中的地位如何？辩证唯物主义对此有极好的说明。恩格斯认为，人是能制造工具的动物，是能动地适应环境的动物。只有人能制造工具，别的动物至多只能利用天然的东西作为工具。对于环境，别的动物只能作受动的适应，人则能做主动的积极的适应，能改变自然。人是以工具来适应自然的。人类有了工具的帮助，就能形成人造环境，而在人造环境中生活。

——张岱年

　　在从猿到人的转变过程中劳动起了决定性的作用。首先是劳动，然后是语言和劳动一起，成了两个最主要的推动力，在它们的影响下，猿的脑髓就逐渐地变成了人的脑髓。

——恩格斯

　　动物仅仅利用外部自然界，单纯地以自己的存在来使自然界改变；而人则通过他所做出来的改变来使自然界为自己的目的服务，来支配自然界。这便是人同其他动物的最后的本质区别，而造成这一区别的还是劳动。

——恩格斯

　　人的突出特征，人与众不同的标志，既不是他的形而上学本性也不是他的物理本性，而是人的劳作。正是这种劳作，正是这种人类活动的体系，规定和划定了"人性"的圆周。

——卡西尔

3. 人是万物的灵长

　　人，物也，万物之中有智慧者也。

——王充

　　人类之生，其性善辨，其性善思，惟其智也。禽兽颛颛冥愚，不辨不思。人之异于禽兽者在此。

——康有为

　　人与山野间的兽类不同，他不仅生活在一个物的世界，而且生活在一个符号和象征的世界。一块石头，不只是人撞上去觉得硬的东西，而是他的前人的纪念碑。一堆火，不独是能燃烧而温暖的东西，而且是家庭悠久生活的象征，游子久别归来所向往的欢乐、营养和庇护的永久泉源的标志。人与炎炎烈火相触必致受伤，但对于炉床他却丝毫不畏避，反而崇拜它，并且为它而战斗。举凡表识人性与兽性有别，文明与单纯物性相异的这些事件，都是由于人有记性，保存着而且记录着他的经验。

——杜威

人的伟大和优越仅仅是因为人具有那一种神奇的赐予：大脑——人因此具有了思想和推理的能力，并能照他所选择的路向前走。

——罗伯特·科利尔

构成生命的主要成分，并非事实和事件，它的主要成分是思想的风暴。

——马克·吐温

动物只按照它所属的那个种的尺度和需要来建造，而人却懂得按照任何一个种的尺度来进行生产，并且懂得怎样处处都把内在的尺度运用到对象上去；因此，人也按照美的规律来建造。

——马克思

人只不过是一根苇草，是自然界最脆弱的东西，但他是一根能思想的苇草。人类的全部尊严就在于思想。

——帕斯卡尔

4. 人是社会关系的总和

水火有气而无生，草木有生而无知，禽兽有知而无义，人有气、有生、有知，亦且有义，故最为天下贵。力不若牛，走不若马，而牛马为用，何也？曰：人能群，彼不能也。

——荀子

事实上人这个东西既是禽兽又不是禽兽，既创造了神仙又做不到神仙。所谓"人兽之间"就是这么一种辩证关系。是禽兽又不是禽兽，那是说人的生物基础是和禽兽相同的，他无论如何跳不出生物规律的控制。历代多少皇帝苦于人生朝露，妄想长生不老，到头来还是落得个贻笑千古。但是人究竟创造出了个超越出人寿的"社会"。靠了它，可以在墓碑刻上"永垂不朽"。这个"永垂不朽"的东西不是天上掉下来的，是人们自己创造的。但是一旦产生，它却控制了它的创造者。依靠它得到生活的人们就得乖乖地听它的支配，叫他们做什么就得做什么，叫他怎样做就得怎样做。它无所不在，监督着每一个人，不听它的话，触犯了它，惩罚谴责，毫不容情，甚至命都难保。这些正和人们所想象中的又仁又慈又成熟的上帝一模一样，这就是社会，神仙是它的代号，社会是实在的，不是玄虚的，虽是无形的。

——费孝通

人类在本性上，也正是一个政治动物。

——亚里士多德

人是最名副其实的社会动物。不管个人在主观上怎样超脱各种关系，他在社会意义上总是这些关系的产物。

——马克思

人的本质并不是单个人所固有的抽象物，在其现实性上，它是一切社会关系的总和。

——马克思

5. 人性是文化的结果

人之性恶，其善者伪也。

——荀子

恻隐之心，人皆有之；羞恶之心，人皆有之；恭敬之心，人皆有之；是非之心，人皆有之。仁义礼智，非由外铄我也，我固有之也，弗思耳矣。

——孟子

或曰：性善、性恶之说，皆不如言无善无恶者。曰：斯固无是非也。陆克有言：人之精神，本如白纸。培根有言：一切道德，皆始自利。夫善恶生于自利，而自利非善恶。

——章太炎

中国人的10个特性：（一）自私自利；（二）勤俭；（三）爱讲礼貌、爱面子；（四）和平文弱；（五）知足自得；（六）守旧；（七）马虎；（八）坚忍及残忍；

（九）韧性及弹性；（十）圆熟老到。

——梁漱溟

孔子曰："性相近，习相远"，沿于习而后有恶之名。恶之为名，名又生于习，可知断断乎无有恶矣。

——谭嗣同

人性是由社会决定的，原始社会的人性与封建社会的人性并不一样。人被社会化，不被社会化的人性是没有的。封建社会的人际关系为义理人情所支配，这是维持其社会秩序的手段。而资本主义社会的人对这个问题进行各种形式的争论。众所周知，在中国的儒教思想中，就有两种对立的观点：荀子主张"性恶说"，而孟子则主张"性善说"。基督教主张"原罪说"，这种观点很接近于性恶说。而卢梭的思想则很接近于性善说。从性恶说的观点来看，应该从外界来约束人性；而从性善说则极力排斥来自外界的约来，强调听其自然。但我认为人的本性既非善，也非恶，而是两者兼而有之。

——池田大作

二、人生境界

1. 人生有境界

人生即是我们人之举措设施。"吃饭"是人生,"生小孩"是人生,"招呼朋友"也是人生。艺术家"清风明月的嗜好"是人生,制造家"神工鬼斧的创作"是人生,宗教家"覆天载地的仁爱"也是人生。问人生是人生,讲人生还是人生,这即是人生之真相。

——冯友兰

就人生而言,也应该平衡于山、水之间。水边给人喜悦,山地给人安慰。水边让我们感知世界无常,山地让我们领悟天地恒昌。水边让我们享受脱离长辈怀抱的远行刺激,山地让我们体验回归祖先居所的悠悠厚味。水边的哲学是不舍昼夜,山地的哲学是不知日月。

——余秋雨

人的精神有三种境界:骆驼、狮子和婴儿。第一种境界骆驼,忍辱负重,被动地听命于别人或命运的安排;第二种境界狮子,把被动变成主动,由"你应该"到"我要",一切由我主动争取,主动负起人生责任;第三种境界婴儿,这是一种"我是"的状态,活在当下,享受现在的一切。

——尼采

2. 人生境界的结构

众人重利,廉士重名,贤士尚志,圣人贵精。

——庄子

居天下之广居,立天下之正位,行天下之大道。得志与民由之,不得志独行其道。

——孟子

"太上有立德，其次有立功，其次有立言"，虽久不废，此之为不朽。

——左丘明

孔子尚正气，老子尚清气，释迦尚和气，东方大道其在贯通并弘扬斯三气也。崇尚正清和，就是把生命的过程演绎得更正、更清、更和，也就是更真、更善、更美。

——文怀沙

3. 人生境界的层次

可欲之谓善，有诸己之为谓信，充实之为美，充实而有光辉之为大，大而化之之为圣，圣而不可知之之为神。

——孟子

人之足传，在有德，不在有位；世所相信，在能行，不在能言。

——王永彬

人生有四种境界：自然境界、功利境界、道德境界、天地境界。这四种境界的人分别为自然的人，现实的人，道德的人，宇宙的人，他们由低级向高级渐次而成，前一个境界是后一个境界之基础。

——冯友兰

按照人的自我的发展历程、实现人生价值和精神自由的高低程度，可以把人的生活境界分为四个层次，即欲求境界、求知境界、道德境界和审美境界。现实的人往往四者错综交织在一起，以某一种境界占主导地位，由此区分出人的境界的高低。

——张世英

人生有三重境界，如果用一段充满禅机的语言来说便是：看山是山，看水是水；看山不是山，看水不是水；看山还是山，看水还是水。这正是，人本是人，不必刻意去做人；世本是世，无须精心去处世，便是真正的做人与处世。

——池莉

三、人生旅程

1. 人生是一场旅行

夫大块载我一形，劳我一生，佚我一老，息我一死。

——庄子

人生天地之间，若白驹之过隙，忽然而已。

——庄子

人生真是一场梦。人类活像一个旅客，乘在船上，沿着永恒的时间之河驶去。在某一地方上船，在另一地方上岸，好让其他在河边等待的旅客上船。

——林语堂

其实人生不过是从光阴中借来的一段时光，岁月流淌过去，我们自己也就把这段生命镌刻成了一个样子，它成为我们的不朽，成为我们的墓志铭。

——于丹

2. 不同站点，风景各异

吾十有五而志于学，三十而立，四十而不惑，五十而知天命，六十而耳顺，七十而从心所欲，不逾矩。

——孔子

君子有三戒：少之时，血气未定，戒之在色；及其壮也，血气方刚，戒之在斗；及其老也，血气既衰，戒之在得。

——孔子

人生十年曰幼，学；二十曰弱冠；三十曰壮，有室；四十曰强，而仕；五十曰艾，服官政；六十曰耆，指使；七十曰老，而传；八十九十曰耄，虽有罪不加刑，百年曰期颐。

——《礼记·曲礼》

少年读书，如隙中窥月；中年读书，如庭中望月；老年读书，如台上玩月。皆以阅历之浅深，为所得之浅深耳。

——张潮

茶若相似，味不必如一。但凡名茶，一泡苦涩，二泡甘香，三泡浓沉，四泡清冽，五泡清淡，此后再好的茶也索然无味。诚似人生五种，年少青涩，青春芳醇，中年沉重，壮年回香，老年无味。

——林清玄

人到中年，逐渐有了一种不同的价值观，原来认为很重要的事情竟然不再那么重要了，而一直被自己有意忽略了的种种却开始不断前来呼唤我，就像那草叶间的风声，那海洋起伏的呼吸，还有那夜里一地的月光。

——席慕蓉

人生的每个阶段都被赋予了适当的特点：童年的孱弱、青年的剽悍、中年时期的持重、老年的成熟，所有这些都是自然而然的，按照各自其特性属于相应的生命时期。

——西塞罗

咿咿呀呀在奶娘手上抱的是婴儿；满面红光背着书包不愿上学去的是学童；强吻狂欢，含泪诉情，谈着恋爱的是青年；热血腾腾，意气刚强，破口就骂，胆大妄为的是中年；衣服整齐，面容严肃，大声方步，挺着肚子的是壮年；饱经忧患，形容枯槁，鼻架眼镜，声音带颤的是老年；塌了眼眶，没有了牙齿，聋了耳朵，舌头无味，记忆不清，到了尽头的是暮年。

——莎士比亚

生活就是这样变幻莫测——一会儿是满天云雾，转眼又出现灿烂的太阳

——奥斯特洛夫斯基

人在一生当中的前四十年写的是正文，在往后的三十年，则不断地在正文中添注释。

——叔本华

人生就是意志与青春做伴，勤奋同壮年联袂，智慧和老年相随。

——纪伯伦

3. 人生享受过程最重要

人生是要享受过程的，不管是好是坏，是高是低，是起是伏，都是一种享受。为什么一定要看结果？最后的结果，无非是一口棺材而已，这样说人生还有什么意义。

——曾仕强

人生的乐趣全在这定与不定之间，你也永远不会知道自己究竟成功与否，享受过程才最重要。

——杨澜

人生就像一张有去无回的单车票，没有彩排。每一场都是现场直播。把握好每场演出是最好的珍惜。将生活中点滴的往事细细回味，伤心时的泪，开心时的醉，都要追求而可贵。

——易中天

人要是不能从过程中体味幸福和欢乐，生命就成了一场荒诞的苦役。所以说，过程就是目的。我想给你念一段一个残疾朋友写给我的话："事实上你唯一具有的就是过程。一个只想使过程精彩的人是无法被剥夺的，因为死神也无法将一个精彩的过程变成不精彩的过程，因为坏运也无法阻挡你去创造一个精彩的过程，相反你可以把死亡也变成一个精彩的过程，相反坏运更利于你去创造精彩的过程。于是绝境溃败了，它必然溃败。你立于目的的绝境却实现着、欣赏着、饱尝着过程的精彩，你便把绝境送上了绝境。梦想使你迷醉，距离就成了欢乐；追求使你充实，失败和成功都是伴奏；当生命以美的形式证明其价值的时候，幸福是享受，痛苦也是享受。"

——史铁生

假如生命是花。花开时是美的好的，花落时也是美的，我要把生命的花瓣，一瓣一瓣撒在人生的旅途上。假如生命是水，就要成为一股奔腾的河水呀！哪怕是一眼清泉，哪怕是一条小溪也要日夜不停地、顽强地奔流，去冲开拦路的高山，去投奔江河。

——赵丽宏

人生，其实像一条从宽阔的平原进森林的路。在平原上同伴可以结伙而行，欢乐地前推后挤、相濡以沫；一旦进入森林，草丛和荆棘挡路，情形就变了，各人专心走各人的路，寻找各人的方向。那无忧无虑无猜忌的同侪深情，在人的一生中也只有少年期有。

——龙应台

生活的美妙就在于它的丰富多彩，要使生活变得有趣，就要不断地充实它。

——高尔基

四、人生意义

1. 人生本无意义

　　生命本身不过是一件生物学的事实,有什么意义可说?一个人与一只猫,一只狗,有什么分别?

——胡适

　　人生之全体,既是天然界之一件事物,我们即不能说他有什么目的;犹之乎我们不能说山有什么目的,雨有什么目的一样。目的和手段,乃是我们人为的世界之用语,不能用于天然的世界——另一个世界。天然的世界以及其中的事物,我们只能说他是什么,不能说他为——所为——什么。

——冯友兰

　　人之有生,正如万物一样是自然而生的。天雨,水流,莺飞,草长,都顺其自然,并无目的。我未曾知道,而已经有了我。此时再追问"人生果为何来?"或"我为何来?"已是晚了。

——梁漱溟

　　人,诚如波斯诗人茂谅谟·伽耶玛所说,来不知从何处来,去不知向何处去,来时并非本意,去时也未征得同意,糊里糊涂地在世间逗留一段时间。在此期间内,我们是以心为形役呢?还是立德立功立言以求不朽呢?还是参究生死直超三界呢?这大主意需要自己拿。

——梁实秋

2. 人要赋予生命以意义

　　人生的意义全是各人自己寻出来、造出来的:高尚、卑劣、清贵、污浊、有用、无用、全靠自己的作为。

——胡适

人生只有一生一死，要生得有意义，死得有价值。

——邓中夏

人到世上，无非活一场罢了，本无目的可言。人必须自己设立超出生存以上的目的，为生命加一个意义。

——周国平

我总觉得，生命本身应该有一种意义，我们绝不是白白来一场的。

——席慕蓉

人生是没有意义的，但你要为之确立一个意义。

——毕淑敏

人可以随缘，可以顺逆无拘，但不能无所事事。来到世上走一遭，总不能尸位素餐，总该做些有意义的事情吧！

——王小波

只有人才把怎样活着看得比活着本身更要紧，只有人才顽固地追问并要求着生存的意义。

——史铁生

人生虽只有几十个春秋，但它绝不是梦一般的幻灭，而是有着无穷可歌可泣的深长意义的。

——泰戈尔

人不应该是插在花瓶里供人观赏的静物，而是蔓延在草原上随风起舞的韵律。生命不是安排，而是追求。人生的意义也许永远没有答案，但也要尽情感受这种没有答案的人生。

—— 弗吉尼亚·伍尔芙

3. 人生的意义取决于自己对人生的理解

人生意义就在我们怎样看人生。生命本没有意义，你要能给他什么意义，他就有什么意义。你若情愿把这六尺之躯葬送在白昼做梦之上，那就是你这一生的意义。你若发愤振作起来，决心去寻求生命的意义，去创造自己的生命的意义，那么，你活一日便有一日意义，做一事便添一事的意义，生命无穷，生命的意义也无穷了。

—— 胡适

人生的意义全在我们对人生的了解。

—— 冯友兰

在人生的舞台上，有些人注意活得长久，而有些人注意活得精彩。

—— 塞涅卡

生活得最有意义的人，并不就是年岁活得最大的人，而是对生活最有感受的人。

—— 卢梭

生命最长久的人并不是活的时间最多的人。

—— 索尔仁尼琴

我们热爱这个世界时，才真正活在这个世界上。

—— 泰戈尔

生命的全部的意义在于无穷地探索尚未知道的东西。

—— 左拉

人生的价值，并不是用时间，而是用深度去衡量的。

—— 列夫·托尔斯泰

一个人知道自己为什么而活,就可以忍受一种生活。

——尼采

4.人生的意义在于奉献

在人生的路上,将血一滴一滴地滴过去,以饲别人。虽自觉渐渐瘦弱,也以为快活。

——鲁迅

我一生始终保持着这样一个信念:生命的意义在于付出、在于给予,而不是在于接受,也不是在于争取。所以做补书的工作我也感到乐趣,能够拿几本新出的书给朋友,献给读者,我认为是莫大的快乐。

——巴金

当一个人能把自己的一切献给社会的时候,这就是最有意义的一生了。

——张海迪

对我来说,生命的意义在于设身处地替人着想,忧他人之忧,乐他人之乐。

——爱因斯坦

人最宝贵的是生命。生命属于人只有一次。一个人的一生应该这样度过:当他回首往事的时候,不因虚度年华而悔恨,也不因碌碌无为而羞愧。这样,在临终的时候,他就可以说,我的整个的生命和全部的精力都已献给了世界上最壮丽的事业——为人类的解放而斗争!

——奥斯特洛夫斯基

如果我能弥补一个破碎的心灵,我就不是徒然活着;如果我能减轻一个生命的痛苦,抚慰一处创伤,或是令一只离巢的鸟儿回到巢里,我便不是徒然活着。

——狄更斯

五、生命体悟

1. 人生不能没有自我认识

中国人得势时都信儒教，不遇时都信道教，各自优游林下寄托山水，怡养性情去了。

——林语堂

城里人把日子叫生活，乡村人把生活叫日子。日子是单调、乏味、无奈、消耗人的生命；生活给人的感觉是丰饶、有色彩、有人气、有宽阔马路、明亮的路灯。

——阎连科

人类一直都生活在一个巨大的疑问中：我们是谁？我们从哪里来？我们要去哪里？

——房龙

世界上最荒谬的事是不知生之为何。

——歌德

没有经过省察的人生，是不值得活的。

——苏格拉底

人生究竟是黑白还是彩色，纯粹是一种习惯性的看法。

——尼采

2. 人的世界就是自己的看法

一个人彻悟的程度，恰等于他所受痛苦的程度。

——梁启超

为什么人类的寿命有长有短？为什么有些人未老先衰，有些人老而弥健？衰老的真正原因是什么？除了疾病的克服和保健的改善，长寿的要诀还有一个重要原因，那便是要懂得人生，唯有懂得人生，才能享受人生、才能活得更久。

——林语堂

　　经云："心如工画师，能画诸世间。"如果我们能正本清源，打从自己的心里制造光明的见解、芬芳的思想、洁净的观念，生产阳光、花朵、净水般的语言，与他人共享，则能拥有一个丰美的人生。

——星云大师

　　我认为，每一个人都有一个觉醒期，但觉醒的早晚决定个人的命运。

——路遥

　　我们有什么样的眼睛，就有什么样的生活。

——于丹

　　如果一个人是正确的，他的世界也就会是正确的。

——刘墉

　　有位名人说："穷苦人的日子都是愁苦；心中欢畅者，则常享丰筵。"这段话的意义是告诫世人设法培养愉快之心，并把幸福当成一种习惯，那么，生活将好像一连串的欢宴。

——莫里斯·梅特林克

　　你若光明，这世界就不会黑暗。你若心怀希望，这世界就不会绝望。你如不屈服，这世界又能把你怎样。

——曼德拉

3. 人生这本大书要读一辈子

　　人生实在是一本书，内容复杂，分量沉重，值得翻到个人所能翻到的最后一页，而且必须慢慢地翻。

——沈从文

　　我们要启迪学生思考生命的意义和人生真谛，使他们都能够认识自己，理解生命的意义，做出符合自己天性的选择，找到发自内心热爱并将其作为终生的事业。

——林建华

　　一句哲理在年轻人嘴里说出和老年人嘴里说出是不一样的。年轻人说的只是这句哲理本身，尽管他理解的完全正确。而老年人不只是说了这句哲理，其中还包含了他的全部生活。

——黑格尔

六、人生支柱

1. 人生须自主

人生不过如此,且行且珍惜。自己永远是自己的主角,不要总是在别人的戏剧里充当配角。

——林语堂

走好选择的路,别选择好走的路,你才能拥有真正的自己。

——杨绛

古今中外只有一条规律,所有的人都要自作自受。每一个人从出生开始就有了一个属于自己的坐标原点,从此开始,人生就只做一件事——画一条人生曲线。成功与失败、欢乐与痛苦、平静缓慢、起伏波折(跌宕起伏)。人生的曲线是每一个人自己画的,任何人都无法代劳。每一个人对自己的所作所为,都要负起全部的责任。

——曾仕强

我只有一个忠告给你——做你自己的主人。

——拿破仑

究竟是谁有能力决定你的未来是幸福还是不幸呢?答案只有一个——你自己。

——莫里斯·梅特林克

生活就是一面镜子,你笑,它也笑;你哭,它也哭。

——萨克雷

2. 人生要自立

君子求诸己，小人求诸人。

——孔子

怨人不如自怨，求诸人不如求诸己。

——老子

乞火莫若取燧，寄汲莫若凿井。

——刘安

大树底下好乘凉，大树底下不长苗。一个业已长大的孩子，还抓着大人的手走路是不可思议的。

——陈忠实

满桌佳肴，你得有好牙；腰缠万贯，你得有命花；赏一路风光，你得走得动；拣一座金山，你得能够拿。

——于丹

一个人，40岁以前的脸是父母决定的，但40岁以后，就应该由自己决定的了。一个人，要为自己40岁以后的长相负责！

——林肯

要得到你想要的某件东西，最可靠的办法是让你自己配得上它。

——查理·芒格

3. 人生当自强

天行健，君子以自强不息。

——《周易 乾卦》

自人君公卿至于庶人，不自强而功成者，天下未有之也。

——刘安

学者自强不息，则积少成多；中道而止，则前功尽弃。其止其往，皆在我而不在人也。

——朱子

不与人争得失，惟求己有知能。

——王永彬

只有自己拯救自己，上帝才会帮助你。

——路遥

一个人要想成为一个真正的男子汉，他就必须做到敢于独立行事和自强自立。一个人想要不朽的荣誉，成就伟大的功名，那么他就必须不为虚名所累，放松自己，自强自立，这样他将会拥有全世界。

——塞缪尔·斯迈尔斯

胜利是不会向我走来的，我必须自己走向胜利。

——穆尔

4. 人别太指望和依赖别人

一只站在树上的鸟儿，从来不会害怕树枝断裂，因为它相信的不是树枝，而是它自己的翅膀。不要轻易把梦想寄托在某个人身上，也不要在乎身边的闲言碎语。靠山山倒，靠人人跑，靠自己才是最好！我不勇敢，谁替我坚强。

——曾仕强

在这个世界上别太依赖任何人，因为当你在黑暗中挣扎时，连你的影子都会离开你。

——宫崎骏

七、人的命运

1. 命运是人力不可抗拒的必然性力量

　　道之将行也与，命也；道之将废也与，命也。公伯寮其如命何！
——孔子

　　以命当富贵，遭当世之禄，常安不危；以命当贫贱，遇当衰之禄，则祸殃乃至，常苦不乐。
——王充

　　人生如树花同发，随风而散：或拂帘幌坠茵席之上，或关篱墙落粪溷之中。坠茵席者，殿下是也；落粪溷者，下官是也。
——范缜

　　命运应遇，危不必祸，愚不必穷；命运不遇，安不必福，贤不必达。故患齐而死生殊，德同而荣辱异者，遇不遇也。
——刘昼

　　凡由于外界力量而非由人之意志者，谓之命。此有二：一、自然或环境对于人为之限制，即人力无可奈何者，谓之命。二、自然所促成，即外力促使其实现者，亦可谓之命。
——张岱年

　　"命"跟"运"是两个不同的东西。"命"是本命，有点像车子，比如你是奔驰车，还是大发车，这是命。"运"是那条路。你可以是奔驰，可是总开在坎坷颠簸的路上，那是"命"好"运"不好。你是一辆小破车，可是开在坦途上，就是"命"不好"运"好。
——蒋勋

命运的本质就是那贯穿宇宙的逻各斯。逻各斯是一种以太的物体，是创生世界的种子。

—— 赫拉克利特

2. 命运掌握在每一个人自己手中

莫之为而为者，天也。莫之致而致者，命也。求则得之，舍则失之，是求有益于得也，求在我者也。求之有道，得之有命，是求无益于得也，求在外者也。

—— 孟子

自古以及今，生民以来者，亦尝有见命之物，闻命之声者乎？则未尝有也。天下之治也，汤武之力也；天下之乱也，桀纣之罪也。若以此观之，夫安危治乱，存乎上之为政也，则夫岂可谓有命哉。

—— 墨子

或问："祸福皆命中造定信乎？"先生曰："不然，地中生苗或可五斗，或可一石，是犹人生之命也。生命亦何定之有。"

—— 颜元

命运，不过是失败者无聊的自慰，不过是懦怯者的解嘲。人们的前途只能靠自己的意志、自己的努力来决定。

—— 茅盾

不容否认，一些偶然性常常会影响一个人的命运，例如长相漂亮、机缘凑巧，某人的死亡，以及施展才能的机会等等；但另一方面，人的命运也往往是由自己造成的。正如古代诗人所说：每个人都是自己的设计师。

—— 弗朗西斯·培根

命运对我们并无所谓利害：它只供给我们利害的材料和种子，任那比它强的灵魂随着改变和应用，因为灵魂才是自己的幸与不幸的唯一主宰。

—— 蒙田

播下一个行动，收获一种习惯；播下一种习惯，收获一种性格；播下一种性格，收获一种命运。

——威廉·詹姆士

在人生的战场上，幸运总是光临到能够努力奋斗并抢占时机的人身上。

——佛雷得·W·斯莱登

我要扼住命运的咽喉，决不能让命运使我屈服。

——贝多芬

命运给予我们的不是失望之酒，而是机会之杯。因此，让我们毫无畏惧，满心愉悦地把握命运。

——尼克松

3. 生命时时在幸与不幸之间摆动

天上浮云似白衣，斯须改变如苍狗。古往今来共一时，人生万事无不有。

——杜甫

阙者，缺也。世间事，皆祸福相倚，顺逆相随，圆缺相生。唯时察己"缺"方能圆矣！人生追求，宁求缺，不求全；宁取不足，不取有余。

——范敬宜

人之幸不幸，就一时说，是一人之运；就一生说，是一人之命。人生如打牌，而不如下棋。于下棋时，对方于一时所有之可能底举动，我均可先知；但如打牌，则我手中将来何牌，大部分完全是不可不测底。所以对于下棋之输赢，无幸不幸。而对于打牌之输赢，则有幸不幸。善打牌者，其力所能作者，是将已来之牌，妥为利用，但对于未来之牌，则只可靠其"牌运"。人生如打牌，所以一人在其一生中所有之成败，一部分是因其用力之多少，一部分是因其命运好坏。

——冯友兰

上苍不会让所有的幸福集中到某一个人身上,得到了爱情未必有金钱;拥有金钱未必得到快乐;得到快乐未必拥有健康;拥有健康未必一切都会如愿以偿。保持知足常乐的心态才是淬炼心智、净化心灵的最佳途径。一切快乐的享受都属于精神,这种快乐把忍受变为享受,是精神对于物质的胜利。

—— 杨绛

　　顺境也好,逆境也好,人生就是一场对种种困难无尽无休的斗争,一场以寡敌众的战斗。

—— 泰戈尔

　　生命并不是一帆风顺的幸福之旅,而是时时摆动在幸与不幸、沉与浮、光明与黑暗之间的模式里。

—— 戴尔·卡耐基

　　生命中曾经有过的所有灿烂,终究都需要用寂寞来偿还。

—— 马尔克斯

八、人的选择

1. 选择比努力更重要

人生的道路虽然漫长,但紧要处常常只有几步,特别是当年轻的时候。

—— 柳青

跟着人群走是一种选择,一种安全的选择,跟着爱好走,跟着理想走,是冒险的选择,有不可预料的成功和失败等在前面,但因为年轻,选择得起,失败得起,可预料的未来反而无趣。

—— 严歌苓

我的成功在于我的选择。如果说有什么秘密话,那么还是两个字:选择。

—— 比尔·盖茨

我的成功在于我选择对了自己施展才华的方向。我觉得一个人如何去体现他的才华,就在于他要选对人生奋斗的方向。

—— 帕瓦罗蒂

2. 不同选择造就不一样的人生

每一个人应该先了解自己的才能在哪里,来选择学习的东西。选对了,可以事半功倍,选错了则可能勤苦而难成。

—— 刘墉

献身于科学研究就没有权利再像普通人那样生活,必然会失掉常人所能享受到的不少乐趣,但也会得到常人享受不到的乐趣。

—— 王选

生存还是毁灭，这是个问题。

——莎士比亚

如果我们选择了最能为人类工作的职业，那么，重担就不会把我们压倒，因为这是为大家做出的牺牲；那时我们所享受的就不是可怜的、有限的、自私的乐趣，我们的幸福将属于千百万人，我们的事业将悄然无声地存在下去，但是它会永远发挥作用，而面对我们的骨灰，高尚的人们将洒下热泪。

——马克思

3. 以平常心对待选择结果

我终于相信，每一条走上来的路，都有它不得不跋涉的理由。每一条要走下去的路，都有它不得不那样的方向。

——席慕蓉

优柔寡断是人生最大的负能量。人生没有什么好优柔的。从生命角度去看，你人生路径上的任何一种选择都是错误的。无论怎么选择，都有差错。因此，当选择来临，a和b拿一个便走就是。人生没有对错，只有选择后的坚持，不后悔，走下去，就是对的。我喜欢的一首诗就是——走着走着，花就开了。

——梁文道

酸甜苦辣都是享受人生。

——李立祥

我想说社会上不是仅有一套价值标准来衡量所有的人。在这个过程中，你觉得自己的价值实现就行了。

——秦玥飞

人生就像一个酒醉的农夫驾着马车回家，表面上是农夫在驾驭，其实是老马拖着农夫。因为农夫喝醉了，而老马识途，所以农夫仍能到家。许多人的人生都在迎合世俗的潮流，却没有按照自己的真实意愿选择路径，正像那个酒醉的农夫，虽然终究会有归宿，但实质是被外界牵着鼻子走。

——克尔凯郭尔

第二篇 修身

古之欲明明德于天下者，先治其国。
欲治其国者，先齐其家。
欲齐其家者，先修其身。
欲修其身者，先正其心。
欲正其心者，先诚其意。
欲诚其意者，先致其知。
致知在格物。物格而后知至，
知至而后意诚，意诚而后心正，
心正而后身修，身修而后家齐，
家齐而后国治，国治而后天下平。
自天子以至于庶人，壹是皆以修身为本。

——曾子

九、信仰

1. 信仰是人的精神家园

有了信仰,就有了在这个浮躁、抽象、茫然不觉的世界立足的精神资本,有了可以慰藉自己的精神食粮。

——林语堂

人,只要有一种信念,有所追求,什么艰苦都能忍受,什么环境都能适应。

——丁玲

我唯一的害怕,是你们已经不相信了,不相信规则能战胜潜规则,不相信风骨远胜于媚骨。你们觉得追求级别的越来越多,追求真理的越来越少;讲待遇的越来越多,讲理想的越来越少。请看护好你曾经的激情和理想,在这个怀疑的时代,我们依然需要信仰。

——卢新宁

信仰是对人生根本目标的确信。

——周国平

人不能没有依恃,没有寄托。一个古老的传说是,人是半神半兽的生灵,每个人的心中都活着一个上帝。人在谋杀上帝时,也就悄悄开始了对自己的谋杀。

——韩少功

信仰是我们心中的绿洲。这片绿洲,灌溉着自然,滋养着人类,净化着心灵。

——纪伯伦

信仰正像一个神圣的器皿那样,各人尽可能地把自己的感情、悟性、想象献纳其中作为祭品。

——歌德

能够激发一颗灵魂的高贵、伟大的,只有信仰。在最危险的情形下,是虔诚的信仰支撑着我们;在困难面前,也是信仰帮助我们获得胜利。

——塞缪尔·斯迈尔斯

我们国家的真正实力并非源自强大的军事力量或是巨额的财富,而是我们坚韧不拔的信念,那就是民主、自由、机遇和永不放弃的希望。

——奥巴马

人,有了物质才能生存;人,有了理想才谈得上生活。

——雨果

2. 信仰是人的终极追求

你可以一辈子不登山,但你心中一定要有座山。它使你总往高处爬,它使你总有个奋斗的方向,它使你任何一刻抬起头,都能看到自己的希望。

——刘墉

正因为有了理想,生活才变得如此甜蜜;正因为有了理想,生命才显得如此宝贵。

——艾特玛托夫

我觉得人都应该有信仰,或者都应当去追求信仰,不然,他的生活就空洞了。

——契诃夫

信仰是个鸟儿,黎明还是黝黑时,就触着曙光而讴歌了。

——泰戈尔

信仰是一棵常青树，有着比加州的红杉树更长久的生命力。信仰之树在不同的时期能长出新的枝干。

——罗伯特·科利尔

信仰坚定的人是一刻也不会迷失方向，他的灵魂将冲破炼狱的烈焰，直奔天堂极乐世界。

——温塞特

理想是指路明灯，没有理想，就没有坚定的方向；没有方向就没有生活。

——列夫·托尔斯泰

每个人都有一定的理想，这种理想决定着他的努力和判断的方向。就在这意义上，我从来不把安逸和快乐看作是生活目的本身——这种伦理基础，我叫它猪栏的理想。照亮我的道路，并且不断地给我生活勇气去愉快地正视生活的理想，是善、美和真。

——爱因斯坦

3. 文化信仰

生活的最高典型终究应属子思所倡导的中庸生活。这种学说，就是指一种介于两个极端之间的那一种有条不紊的生活——酌乎其中学说。这种中庸精神，在动作和静止之间找到了一种完全的均衡，所以理想人物，应属一半有名，一半无名；懒惰中带用功，在用功中偷懒；穷不至于穷到付不出房租，富也不至于富到可以完全不做工，或是可以称心如意地资助朋友。

——林语堂

每一个国家都有一种信念、一件事物将它的人民团结在一起。大多数的国家也确是如此：它或者是一宗教信仰，或者是同一种语言，或者是一个有明确固定的自然疆界的均等的社会结构。而社会主义国家有共产主义哲学，那是一种很强大的维系力量。

——比·克·阿卢瓦里亚、夏希·阿卢瓦里亚

4. 社会信仰

　　大道之行也，天下为公，选贤与能，讲信修睦。故人不独亲其亲，不独子其子，使老有所终，壮有所用，幼有所长，鳏、寡、孤、独、废疾者皆有所养，男有分，女有归。货恶其弃于地也，不必藏于己；力恶其不出于身也，不必为己。是故谋闭而不兴，盗窃乱贼而不作，故外户而不闭，是谓大同。

—— 《礼记·礼运》

　　四海之内若一家，故近者不隐其能，远者不疾其劳，无幽间隐僻之国，莫不趋使而安乐之。

—— 荀子

　　中华文化具有崇高的理想信念。它的天下为公、世界大同理念，有利于我们接受信服共产主义学说。儒家的"老吾老以及人之老，幼吾幼以及人之幼"的提法，会使人想到理想社会的图景。中华传统文化包括老子与孔子都提倡的"无为而治"，与马恩国家消亡的最高理想遥相呼应。

—— 王蒙

5. 宗教信仰

　　所谓神话，及原始的宗教，亦为人之幻想之表现，其所说亦多自己哄自己之语。其所以与文学异者，即在其以幻想为真实，说自己哄自己之话，而不自认其为自己哄自己。

—— 冯友兰

　　人创造了宗教，而不是宗教创造了人。就是说，宗教是那些还没有获得自己或再度丧失了自己的人的自我意识和自我感觉。

—— 马克思

　　宗教批判使人摆脱了幻想，使人能够作为摆脱了幻想、具有理性的人来思想、来行动，来建立自己的现实性；使他能够围绕着自身和他自己现实的太阳旋转。宗教只是幻想的太阳，当人还没有开始围绕自身旋转以前，它总是围绕着人而旋转。

—— 马克思

信仰存在于人生之中。对于依靠人的力量解决不了的某种力量、规律和现象产生敬畏之感，便是它的出发点。

——池田大作

　　恐怕哲学与宗教，都是具有人类出于自觉地对人生和世界的反省。基督教的原罪意识也好，克制人类丑恶欲望的佛教生活方式也好，在这里，都可以感受到作为人的严肃认真的求道精神。人类作为出于自觉地对人生和世界的反省，总是与一种普遍的生存方式相联系的，这种生存方应成为人类的理想。

——池田大作

　　依我看来，在古人关于宗教的所有意见中，最正确、最有道理的是把上帝认作一切事物、一切善、一切完美的无限力量、根源和保护者，欣然承认并接受人类以任何观点、任何名义、采取任何方式向上帝致以荣誉和敬意。

——蒙田

　　他们很少或根本不探究事物的自然原因，然而由于不知道到底是一种什么力量可以大大地为福为祝，这种无知状态本身所产生的畏惧也使他们设想并自行假定若干种不可见的力量存在，同时对自己想出来的东西表示教敬畏，急难时求告，称心遂意时感谢把自己在幻想中创造出来东西当成神。用这种方法，人们根据其千差万别的幻想，在世界上便创造了无数种不同的神。

——霍布斯

十、胸怀

1. 志向远大，胸怀天下

志士仁人，无求生以害仁，有杀身以成仁。

——孔子

苟利国家，不求富贵。

——孔子

居天下之广居，立天下之正位，行天下之大道；得志，与民由之；不得志，独行其道。富贵不能淫，贫贱不能移，威武不能屈，此之谓大丈夫。

——孟子

士不可以不弘毅，任重而道远。仁以为己任，不亦重乎？死而后已，不亦远乎？

——曾子

苟利社稷，死生以之。

——左丘明

安得广厦千万间，大庇天下寒士俱欢颜。

——杜甫

达人大观眇万物，烈士壮心怀四方。

——陆游

昔贤多使气，忧国不谋身。目览千载事，心交上古人。

—— 刘禹锡

志不立，天下无可成之事。虽百工技艺，未有不本于志者。今学者旷废隳惰，玩岁愒时，而百无所成，皆由于志之未立耳。志不立，如无舵之舟、无衔之马，飘荡奔逸，终亦何所底乎！

—— 王守仁

不以物喜，不以己悲。居庙堂之高，则忧其民；处江湖之远，则忧其君。是进亦忧，退亦忧，然则何时而乐耶？其必曰：先天下之忧而忧，后天下之乐而乐乎。

—— 范仲淹

海纳百川，有容乃大；壁立千仞，无欲则刚。

—— 林则徐

身无半文，心忧天下；读破万卷，神交古人。

—— 左宗棠

语云：仁者"老吾老以及人之老，幼吾幼以及人之幼"，吾充吾爱汝之心，助天下人爱其所爱，所以敢先汝而死，不顾汝也。汝体吾此心，于啼泣之余，也以天下人为念，当亦乐牺牲吾身与汝身之福利，为天下人谋永福也。汝其勿悲！

—— 林觉民《与妻书》

我们晓得，凡是人都有志向和抱负。有这种东西是可贵的，因为志向和抱负大都被视为高尚的东西。无论个人和国家，都有梦想，我们的行动多少都依照梦想而行事。

—— 林语堂

2. 识多见广，站高望远

君子道者三，我无能焉：仁者不忧，知者不惑，勇者不惧。

—— 孔子

知者乐水，仁者乐山。知者动，仁者静。知者乐，仁者寿。

—— 孔子

大事、难事看担当；逆境、顺境看襟度；临喜、临怒看涵养；群行、群止看识见。

—— 吕坤

胸怀广大，须从平淡二字用功。

—— 蔡锷

心小了，所有的小事就大了；心大了，所有的大事都小了；看淡世事沧桑，内心安然无恙。

—— 丰子恺

你必须一个人和日月星辰对话，和江河晤谈，和每一棵树握手，和每一株草耳鬓厮磨，会顿悟宇宙之大、生命之微、时间之贵、死亡之近。

—— 毕淑敏

一个人的胸怀，决定了他拥有的涵养和风度。

—— 袁行霈

3.历经冰霜，笑对风雨

工于谋国，拙于谋身。

—— 海瑞

蒲柳之姿，望秋而零；松柏之质，经霜弥茂。

—— 陈继儒

伟大的心胸，应该表现出这样的气概——用笑脸来迎接悲惨的厄运，用百倍的勇气来应付一切的不幸。

—— 鲁迅

维吾尔族人有句极端的话:"人生在世,除了死亡以外,其他都是塔玛霞儿(玩耍),"这样的人生态度,对我影响深远。

——王蒙

挫折感很大,觉得难熬的时候,可以闭上眼睛,想象自己已经是十年后的自己,置身一段距离之外,转头去看正在遭遇的那些事。练习这样做,心情可能会平静些,知道眼前的这一切都会过去。

——蔡康永

笑是仁爱的表达,快乐的源泉,亲近别人的桥梁。

——雪莱

对世界上不幸的事情最好是一笑了之,不必用眼泪去冲洗。

——泰戈尔

十一、心态

1. 心态决定命运

  人之所以苍老是由于受一切外界环境和自己情绪变化的影响，而保持着自己的初心，保持一颗质朴的童心，可以让生命永远保持健康，让生命永远保持青春。
—— 南怀瑾

  影响我们人生的绝不仅仅是环境，其实是心态在控制一个人的行动和思想。同时，心态也决定了一个人的视野、事业和成就，甚至一生。
—— 海子

  释放无限光明的是人心，制造无边黑暗的也是人心，光明和黑暗交织着，厮杀着，这就是我们为之眷恋而又万般无奈的人世间。
—— 雨果

  心态若改变，态度跟着改变；态度改变，习惯跟着改变；习惯改变，性格跟着改变；性格改变，人生就跟着改变。
—— 马斯洛

  我们这一代最伟大的发现就是，人类可以经由改变态度而改变生命。
—— 威廉·詹姆斯

  永远记住，你自己决心成功比其他什么都重要。
—— 林肯

  谁脸上不充满自信和乐观的阳光，谁就永远不会变成一颗星。
—— 布莱克

2. 平其心，观天下之理

自静其心延性命，无求于物长精神。

——白居易

使气最害事，使心最害理，君子临事平心易气。

——吕坤

悲观的人，先被自己打败，然后才被生活打败；乐观的人，先战胜自己，然后才战胜生活。

——汪国真

世界上没有绝望的处境，只有对处境绝望的人。

——奥洛姆

有两个人从铁窗朝外望去，一个看到的是满地的泥泞，另一个却看到满天的繁星。

——戴尔·卡耐基

眼中有尘三界窄，心头无事一床宽。

——日本古代梦窗禅师

3. 大其心，爱天下之人

恻隐之心，仁之端也；羞恶之心，义之端也；辞让之心，礼之端也；是非之心，智之端也。

——孟子

立德之本，莫尚乎心正，心正而后身正。

——傅玄

心如水之源，源清则流清，心正则事正。

——薛瑄

人有喜庆，不可生嫉妒心；人有祸患，不可生喜幸心。

——朱伯庐

人要有三平心态：平和、平稳、平衡。对自己要从容、对朋友要宽容、对很多事情要包容，这样才能活得比较开心。

——海子

4. 定其心，应天下之变

长风破浪会有时，直挂云帆济沧海。

——李白

人人避暑走如狂，独有禅师不出房。非是禅房无热到，但能心静即身凉。

——白居易

用最少的悔恨面对过去。用最少的浪费面对现在。用最多的梦想面对未来。

——海子

我一直坚持一个信念：改变不了大环境，就改变小环境，做自己力所能及的事情。你不能决定太阳几点升起，但可以决定自己几点起床。

——熊培云

每一朵乌云后面都有阳光。

——吉尔伯特

十二、得失

1. 不完满是人生的常态

每一个人都争取一个完满的人生，然而，自古及今，海内海外，一个百分之百完满的人是没有的。所以说，不完满才是人生。

——季羡林

如果你紧抓着美丽不放，丑陋就会出现，试着打破这件事；如果你紧抓着成功不放，失败就会打击你，直到你看清现实。仿佛生命想要拥有完美的平衡，它同时就要拥有美丽与丑陋，而不只是其中之一。

——杰夫·福斯特

既然太阳上也有黑点，"人世间的事"就更不可能没有缺陷。

——车尔尼雪夫斯基

2. 鱼和熊掌不可得兼

有无相生，难易相成，长短相形，高下相盈，音声相和，前后相随，恒也。

——老子

祸兮福之所倚，福兮祸之所伏。

——老子

鱼，我所欲也，熊掌亦我所欲也；二者不可得兼，舍鱼而取熊掌者也。

——孟子

人有盛衰，泰终必否。

——左丘明

你要活得随意些，就只能活得平凡些；你要活得辉煌些，你就只能活得痛苦些；你要活得长久些，你就只能活得简单些。

—— 席慕蓉

如果你因为失去了太阳而哭泣，那么你也会错过群星。

—— 泰戈尔

3. 人生最大的智慧是懂得放弃

事能知足心常泰，人到无求品自高。

—— 陈伯崖

有一个夜晚我烧毁了所有的记忆，从此我的梦就透明了；有一个早晨我扔掉了所有的昨天，从此我的脚步就轻盈了。

—— 泰戈尔

你的身躯很庞大，但是你的生命需要的仅仅是一颗心脏。多余的脂肪会压迫人的心脏，多余的财富会拖累人的心灵，多余的追逐、多余的幻想只会增加一个人生命的负担。

—— 利奥·罗斯顿

4. 得而复失的东西最珍贵

《围城》的主要内涵是：围在城里的人想逃出来，城外的人想冲进去。对婚姻也罢，职业也罢，人生的愿望大都如此。"围城"的含义，不仅指方鸿渐的婚姻，更泛指人性中某些可悲的因素，就是对自己处境的不满。

—— 杨绛

我们往往在拥有某一件东西的时候，一点儿也不看重它的好处；等到失去它以后，却会格外夸张它的价值，发现当它还在我们手里的时候看不出来的优点。

—— 莎士比亚

任何一样东西，你渴望拥有它，它就盛开。一旦你拥有它，它就凋谢。

—— 普鲁斯特

十三、奉献

1. 奉献是生命的真理

如果我们选择了最能为人类福利而劳动的职业,我们就不会为它的重负所压倒,因为这是为全人类所做的牺牲。

——马克思

永恒的献身是生命的真理。它的完美就是我们生命的完美。

——泰戈尔

仅仅一个人独善其身,那实在是一种浪费。上天生下我们,是要把我们当作火炬,不是照亮自己,而是普照世界,因为我们的德行倘不能推及他人,那就如同没有一样。

——莎士比亚

花朵以芬芳薰香了空气,但它最终的任务,是把自己献给你。

——泰戈尔

夜里辉煌的灯光,本是把自己的油耗干了,才把人间照亮。

——莎士比亚

凡可以献上我全身的事,决不只献上一只手。

——狄更斯

2. 人因奉献而伟大

　　人生的目的，在发展自己的生命，可是也有为发展生命必须牺牲生命的时候。因为平凡的发展，有时不如壮烈的牺牲足以延长生命的音响和光华。绝美的风景，多在奇险的山川。绝壮的音乐，多是悲凉的韵调。高尚的生活，常在壮烈的牺牲中。

—— 李大钊

　　为公众服务而成为伟大。

—— 罗曼·罗兰

　　为了祖国战斗的，是一位高贵的英雄；为了国家的福利战斗的，比前者更高贵；但是最高贵的英雄，他是为人类而战斗。

—— 赫尔德

　　放一把剑在我的棺材上吧，因为我是人类自由战斗中的一个勇敢的战士。

—— 海涅

　　发明本身并没有什么了不起，了不起的是发明造福于人类。

—— 詹·拉·洛威尔

　　不要问你们的国家能为你们做些什么，而要问你们能为国家做些什么。

—— 肯尼迪

3. 奉献体现人生价值

　　求友须交真国士，通经还作济时人。

—— 王闿运

　　人生在世，能够在自己能力所及的时候，对社会有所贡献，同时为无助的人寻求及建立较好的生活，我会感到很有意义，并视此为终生不渝的职志。

—— 李嘉诚

谁献身于某种壮举或崇高的事业，谁的人生就最有意义。

—— 萨卢斯特

最巨大的牺牲便是最甜蜜的幸福。

—— 雨果

个人生存的意义是在于加深和扩大千百万劳动人民群众生存的意义。

—— 高尔基

十四、自省

1. 人不要把自己看得太重

不自见，故明；不自是，故彰；不自伐，故有功；不自矜，故长。夫为不争，故天下莫能与之争。古之所谓"曲则全"者，岂虚言哉！诚全而归之。

——老子

我时常解剖别人，但更多的是更严厉地解剖我自己。

——鲁迅

伟人在节制中表现自己。

——歌德

反观自己难全是，细论人家末尽非。

——佚名格言联

2. 人贵有自知之明

知人者智，自知者明。

——老子

吾日三省吾身：为人谋而不忠乎？与朋友交而不信乎？传不习乎？

——曾子

射有似乎君子，失诸正鹄，反求诸其身。

——孔子

在上位，不凌下；在下位，不援上；正己而不求于人，则无怨。上不怨天，下不尤人。

——孔子

以修身自名，则配尧禹。

——荀子

人非圣贤，孰能无过。过而改之，善莫大焉。

——左丘明

耕夫碌碌，多无隔夜之粮；织女波波，少有御寒之衣。日食三餐，当思农夫之苦；身穿一缕，每念织女之劳。寸丝千命，匙饭百鞭。无功受禄寝食不安。交有德之朋，绝无义之友。取本分之财，戒无名之酒。常怀克己之心，闭却是非之口。若能依朕之言，富贵功名可久。

——李世民《百字箴言》

人有三个错误是不能犯的：一是德薄而位尊；二是智小而谋大；三是力小而任重。

——南怀瑾

我们应好好地看看自己，因为人有时候很理性，有时候很感性，而有时候又很情绪化，如果把自己这些反应表现到合理化的地步就叫作修养。

——曾仕强

反省是一面莹澈的镜子，它可以照见心灵上的污点。

——高尔基

3. 少一些计较之心

每一个人的内心都有衡量行为的一把尺子，随时都在使用它来衡量别人与自己。

——冯友兰

记住这样一句话：人生的高度，不是你看清了多少事，而是你看轻了多少事。而其中最重要的是这四点：不在一些烂事上计较，不和家人计较，不和自己重要的人计较，不和爱人计较。

——南怀瑾

道德的基础是人类精神的自律。

——马克思

性格孤僻的人的本性和我们是一样的，只是生活细节上难以一致罢了。我们为什么要戴着放大镜去看这些细枝末节呢？难道一个不喜欢笑的人，他的过错就比一个受人欢迎的夸夸其谈者更大吗？只要他们是好人，我们不必苛求小处。

——戴尔·卡耐基

从偏见的奴役下解脱出来，这样才能用正确的观点来看生活，或了解人性。

——泰戈尔

十五、节俭

1. 节是自然社会的普遍法则

夫妇节而天地和,风雨节而五谷熟,衣服节而肌肤和。

——墨子

俭节则昌,淫佚则亡。

——墨子

用之亡度,则物必屈。

——贾谊

低等动物受它的器官的指导,人类则指导他的器官并且还控制着它们。毫无节制的活动,无论属于什么性质,最后必将一败涂地。

——歌德

我从很小起就知道,用自己的双手挣取一美元是多么艰辛,而且也体会到,当你这样做了,就是值得的。有一件事我和爸爸妈妈的看法一致,即对钱的态度:决不乱花一分钱。

——萨姆·沃尔顿

2. 节俭是一种美德

一箪食,一瓢饮,在陋巷,人不堪其忧,回也不改其乐。贤哉回也。

——孔子

克勤于邦，克俭于家。

——《尚书·大禹谟》

俭，德之共也，奢，恶之大也。

——御孙

静以修身，俭以养德。

——诸葛亮

节俭朴素，人之美德；奢侈华丽，人之大恶。

——薛瑄

众人皆以奢靡为荣，吾心独以俭素为美。人皆嗤吾固随，吾不以为病，古人以俭为美德，今人乃以俭相诟病。嘻，异哉。

——司马光

由俭入奢易，由奢入俭难；以俭立名，以奢自败。

——司马光

惟清修可胜富贵，虽富贵不可不清修。

——姚舜牧

凡不能俭于己者，必妄取于人。

——魏禧

凡事一俭，则谋生易足；谋生易足，则与人无争，亦于人无求。惟俭可以惜福，惟俭可以养廉。

——钱泳

一粥一饭，当思来之不易；半丝半缕，恒念物力维艰。

——朱伯庐

贪污和浪费是极大的犯罪。

——毛泽东

3. 节俭是理家治国的原则

侈而惰者贫，而力而俭者富。

——韩非子

君子以俭德避难。

——《周易·否象传》

人君之行，不为骄侈，不为泰靡，不淫于美，括柱茅茨，为民爱费。

——周文王

夫圣世之君，存乎节俭，富贵扩大，守之以约，奢俭由人，安危在己。

——李世民

历览前贤国与家，成由勤俭破由奢。

——李商隐

上节下俭者则用足，本重末轻者天下太平。为政之要，曰公与清；成家之道，曰俭与勤。

——林逋

天育物有时，地生财有限，而人之欲无极。以有时有限奉无极之欲，而法制不生其间，则必物暴殄而财乏用矣。

——白居易

去无用之费，圣王之道，天下之大利也。节于身，诲于民，是以天下之民可得而治，财用可得而足。是以其民俭而易治，其君用财节而易赡。兵革不顿，士民不劳足以征不服，故霸王之业可以行于天下矣。

——墨子

节俭是你一生中食之不完的美筵。

——爱默生

十六、敬畏

1. 人要常怀敬畏之心

君子有三畏：畏天命、畏大人、畏圣人之言。

——孔子

使我介然有知，行于大道，唯施是畏。

——老子

人有祸则心畏恐，心畏恐则行端直，行端直则思虑熟，思虑熟则得事理。行端直则无祸害，无祸害则尽天年。

——韩非子

君子之心，常存敬畏。

——朱子

凡善怕者，必身有所正，言有所规，行有所止，偶有逾矩，亦不出大格。

——方孝孺

诚者天之道，敬者人事之本。敬则诚。涵养须用敬，入道莫如敬，敬为学之大要。

——程颢

有两样东西，我们愈经常愈持久地加以思索，它们就愈使心灵充满日新月异、有加无已的景仰和敬畏：在我之上的星空和居我心中的道德律。

——康德

2. 敬畏生命

人法地，地法天，天法道，道法自然。

——老子

我们要敬畏自然，敬畏生命，也要保护地球，做到人与自然的和谐相处。

——林语堂

热爱生命是幸福之本；同情生命是道德之本；敬畏生命是信仰之本。

——周国平

只有我们拥有对生命的敬畏之心时，世界才会在我们面前呈现出它的无限生机。

——阿尔伯特·史怀泽

敬畏生命，生命的休戚与共是世界中的大事。自然不懂得敬畏生命。它以最有意义的方式产生着无数生命，又以毫无意义的方式毁灭着它们。包括人类在内的一切生命等级，都对生命有着可怕的无知。他们只有生命意志，但不能体验发生在其他生命中的一切：他们痛苦，但不能共同痛苦。自然抚育的生命意志陷于难以理解的自我分裂之中。生命以其他生命为代价才得以生存下来。

——阿尔伯特·史怀泽

我们不要过分陶醉于我们人类对自然界的胜利。对于每一次这样的胜利，自然界都对我们进行报复。每一次胜利，在第一线都确实取得了预想的结果，但是在第二线和第三线却有了完全不同的、出乎意料的影响，它常常把第一个结果重新取消。

——恩格斯

3. 敬畏百姓

君者，舟也；庶人者，水也。水则载舟，水则覆舟，君以此思危，则危将焉而不至矣？

——孔子

民为贵，社稷次之，君为轻。

——孟子

得天下有道：得其民，斯得天下矣。得其民有道：得其心，斯得民矣。得其心有道：所欲与之聚之，所恶勿施，尔也。

——孟子

故君人者，欲安则莫若平政爱民矣，欲荣则莫若隆礼敬士矣，欲立功名则莫若尚贤使能矣。是人君之大节也。

——荀子

古之圣王，所以取明名广誉，厚功大业，显于天下，不忘于后世，非得人者，未之尝闻。暴王之所以失国家，危社稷，覆宗庙，灭于天下，非失人者，未之尝闻。

——管子

为君之道，必须先存百姓。若损百姓以奉其身，犹割股以啖腹，腹饱而身毙。天子者，有道则人推而为主，无道则人弃而不用，诚可畏也。

——李世民

举大事，必当下顺民心，上合天意，功乃可成。若负强恃勇，任情恣欲，虽得天下，必复失之。

——司马光

怨不在大，可畏惟人；载舟覆舟，所宜深慎。

——魏征

群众是真正的英雄，而我们自己则往往是幼稚可笑的，不了解这一点，就不能得到起码的知识。

——毛泽东

4. 敬畏权力和法律

法律必须被信仰，否则它将形同虚设。

——伯尔曼

法者，天下之程式也，万事之仪表也。

——管子

人君当神器之重，居域中之大，将崇极天之峻，永保无疆之休。

——魏征

法官除了法律之外没有别的上司。

——马克思

5. 敬畏道德

勿以恶小而为之，勿以善小而不为。惟贤惟德，能服于人。

——刘备

天无私，四时行；地无私，万物生；人无私，大亨贞。

——马融

不愧于人，不畏于天。

——《诗经·小雅·巧言》

大公无私，积极努力，克己奉公，埋头苦干的精神，才是可尊敬的。

——毛泽东

经历了冷暖冰火几十年的生活了，唯一不可含糊的生活信条是，人给社会建树美好的能力是相对的，而不能制造龌龊却是绝对的。

——陈忠实

十七、廉洁

1. 俭以养德，廉以立身

行己有耻，使于四方，不辱君命，可谓士矣。

——孔子

不义而富且贵，于我如浮云。

——孔子

人不可以无耻，无耻之耻，无耻矣。

——孟子

临财毋苟得，临难毋苟免。

——《礼记·曲礼上》

天地之间，物各有主，苟非吾之所有，虽一毫而莫取。

——苏东坡

忠信廉洁，立身之本，非钓名之具也。

——林逋

临大利而不易其义，可谓廉矣。

——吕不韦

威严不足以易其位，重利不足以变其心。

——刘向

廉者常乐无求，贪者常忧不足。

—— 司马光

慎言行，崇礼义，尚廉耻。

—— 谭嗣同

人之不廉而至于悖礼犯义，其原皆生于无耻也。

—— 顾炎武

2. 知足则乐，务贪必忧

君子忧道不忧贫。

—— 孔子

人必自侮，然后人侮之。

—— 孟子

声闻过情，君子耻之。

—— 孟子

知足不辱，知至不殆，可以长久。

—— 老子

世路无如贪欲险，几人到此误平生。

—— 朱子

祸生于欲得，福生于自禁。

—— 刘向

朕常谓贪人不解爱财也。至如内外官五品以上，禄秩优厚，一年所得，其数自多。若受人财贿，不过数万。一朝彰露，禄秩削夺，此岂是解爱财物？视小得而大失者也。昔公仪休性嗜鱼，而不受人鱼，其鱼长存。且为主贪，必丧其国；为臣贪，必亡其身。古人云："祸福无门，惟人所招。"然陷其身者，皆为贪冒财利。卿等宜思此语为鉴诫。

—— 李世民

天赋于人，名位利禄，莫不有数。人受于天，服食器用，岂宜过度。乐极而悲来，祸来而福去。利者人之所同嗜，害者人之所同畏。利为害影，岂不知避！贪小利而忘大害，犹痼疾之难治。

—— 许名奎

公、私两字，是宇宙的人鬼关。若自朝堂以至闾里，只把持得公字定，便自天清地宁、政清讼息。只一个私字，扰攘的不成世界。

—— 吕坤

3. 一身正气，一尘不染

廉耻之于政，犹树艺之有丰壤。

—— 房玄龄

文臣不爱钱，武臣不怕死，天下太平矣。

—— 岳飞

廉者，民之表也；贪者民之贼也。

—— 包拯

穷不忘操，贵不忘道。

—— 皮日休

一身正气为人师，两袖清风能生威。

—— 杨泉

清风两袖朝天去,免得闾阎话短长。

——于谦

吏不畏吾严而畏吾廉,民不服吾能而服吾公。廉则吏不敢慢,公则民不敢欺;公生明,廉生威。

——郭允礼

十八、良心

1. 良心是是非的仲裁者

良心是灵魂的声音,欲念是肉体的声音。

——卢梭

良心是神的审判在我们内心的代表;良心将我们的心态与行为放到神圣纯洁的法的天平上去衡量;我们欺骗不了良心,而且始终不能摆脱良心,因为正如神是无所不在那样,良心随时跟着我们。

——康德

良心是我们每个人心壮举的岗哨,它在那里值勤站岗,监视着我们别做出违法的事情来。它是安插在自我的中心堡垒中的暗探。

——毛姆

良心是由人的知识和全部生活方式来决定的。

——马克思

2. 良心是社会秩序的保护神

普遍的道德是社会的基础,普遍的良心是法律的基础。

——雨果

有一种比政府法律更高的法则,那就是良心的法则。

——斯托克利

良心是守护个人为自我保存所启发的社会秩序的保护神。

——毛姆

纵使在法纪最松弛的国家里，一个有良心的人也不会胡作非为的，他会替自己订出立法者所忘记订的法律。

——菲尔丁

良知是内心的审判者，它感觉到每一个动机的产生，它的宝座是人类的感情，它统治着人类行为的王国。

——雪莱

对于道德的实践者来说，最后的服从就是人们自己的良心。

——西塞罗

人的良心犹如太阳，我们不应使它泯灭。否则，生活本身将失去光彩。

——布琼尼

3. 凭良心说话办事

不昧己心，不拂人情，不竭物力，三者可以为天地立心，为生民立命，为子孙造福。

——洪应明

一个人最伤心的事情无过于良心的死灭，一个社会最伤心的现象无过于正义的沦亡。

——郭沫若

洁净的心，就是最结实的胸甲；胸怀正义，好比穿着三重铁坎肩；丧失天良，即使用钢盔铁甲包起来，也如同赤身裸体一般，照样不安全。

——莎士比亚

十九、感恩

1. 滴水之恩，涌泉相报

羊有跪乳之恩，鸦有反哺之义。

——《增广贤文》

谁言寸草心，报得三春晖。

——孟郊

我为什么眼里常含泪水，因为我对这片土地爱得深沉。

——艾青

应该敬爱先生：因为先生是父亲所敬爱的人，因为是为了学生牺牲自己一生的人，因为是开发你精神的人。意大利全国五万的学校教师，是你们未来国民精神上的父亲。他们立在社会的背后，拿着轻微的报酬，为国民的进步发奋劳动着。你的先生就是其中的一人，所以应该敬爱。

——艾得蒙多·德·亚米契斯《爱的教育》

感恩是精神上的一种宝藏。

——洛克

感恩是灵魂上的健康。

——尼采

不管一个人取得多么值得骄傲的成绩，都应该饮水思源，应该记住是自己的老师为他们的成长播下了最初的种子。

——居里夫人

2. 恩德暖人，永记心间

人之有德于我也，不可忘也；吾有德于人也，不可不忘也。

——刘向

时间这个东西，会腐蚀、磨灭一切事物，唯独恩德，时间越久，它的力量就越大。

——拉伯雷

你要记得那些大雨中为你撑伞的人，黑暗中默默抱紧你的人，逗你笑的人，陪你彻夜聊天的人，坐车来看望你的人，在医院陪同你的人，陪你哭过的人，总以你为重的人。是这些人组成你生命中一点一滴的温暖，是这些温暖使你成为善良的人。

——村上春树

对生活怀有一颗感恩之心的人，即使遇到再大的灾难也能熬过去，因为他们懂得珍惜。那些常常抱怨生活，总爱发泄怨气的人，就算在人人羡慕的地方工作，在舒适的豪宅里居住，他们也不会感觉到幸福。一个心怀感恩的人心中充满了美好，他会感激一切让他快乐的人和事。

——威廉·贝内特

人世间最美丽的情景是出现在当我们怀念到母亲的时候。

——莫泊桑

一个伟大的人有两颗心：一颗心流血，一颗心宽容。

——纪伯伦

获得恩惠是生活的全部艺术，没有恩惠的人是没前途的。

——萧伯纳

3. 以怨报德，禽兽不如

无论是谁，如果以怨报德，就应该是人类的公敌，不知报恩的人，根本人配活在世上。

——**乔纳森·斯威夫特**

卑鄙小人总是忘恩负义的：忘恩负义原本就是卑鄙的一部分。

——雨果

蜜蜂从花中啜蜜，离开时营营的道谢。浮夸的蝴蝶却相信花是应该向他道谢的。

——泰戈尔

二十、正直

1. 正直是一种高尚品质

是谓是，非谓非，曰直。

——荀子

人之生也直，心直则身直，可立地参天。

——王文禄

以正胜邪，以直胜曲。

——蔡锷

正直为吾人最良之品性，且为处世之最良法，与人交接，一以正直为本旨。正直二字，实为信用之基。

——管绿荫

正直的人是神创造的最高尚的作品。

——蒲柏

人类之所以充满希望，其原因之一就在于人们似乎对正直有一种近于本能的识别能力——而且不可抗拒地被它所吸引。

——阿瑟·戈森

没有比正直更富的遗产。

——莎士比亚

走正直诚实的生活道路，必定会有一个问心无愧的归宿。

—— 高尔基

人要正直，因为在其中有雄辩和德行的秘诀，有道德的影响力。

—— 阿米尔

正直的人都是抗震的，他们似乎有一种内在的平静，使他们能够经受住挫折甚至是不公平的待遇。

—— 阿瑟·戈森

无论外表上显得怎样精明世故，人总有其纯朴的人性的一面。

—— 索尔·贝娄

有德必有勇，正直的人决不胆怯。

—— 莎士比亚

2. 正直是治国理政之道

正直者顺道而行，顺理而言，公平无私，不为安肆志，不为危易行。

—— 韩婴

理国要道，在于公平正直。

—— 吴兢

直言，国之良药；直言之人，国之良医。

—— 唐甄

正身直行，众邪自息。

—— 刘安

对待工作的严肃态度、高度的正直,形成了自由和秩序之间的平衡。

—— 罗曼·罗兰

正直意味着有勇气坚持自己的信念。这一点包括有能力去坚持你认为是正确的东西,在需要的时候义无反顾,并能公开反对你确认是错误的东西。

—— 阿瑟·戈森

3. 做一个正直的人

君子敬以内直,义以外方。

—— 《周易》

天下有道,以道殉身;天下无道,以身殉道。

—— 孟子

汝若全德,必忠必直;汝若全行,必方必正。终身如此,可谓君子。

—— 元结

君子直言直行,不宛言而取富,不屈行而取位。

—— 王聘珍

志毋虚邪,行必正直。

—— 管子

圣人无曲行,大道无邪岐。

—— 薛瑄

宁为直伐,不为曲全。

—— 王廷陈

百年往事丹心里，千古声名直道间。

——李朴

不曲道以媚时，不诡行以邀名。

——严可均

为人竖起脊梁铁，把卷撑开眼海银。

——谭嗣同

真正的友谊，无论从正反看都应一样，不可能从前面看是蔷薇，而从后面看是刺。

——吕克特

做一个正直的人，就必须把灵魂的高尚与精神的明智结合起来。

——爱尔维修

人一正直，什么都好了。这一条简明的原则便是科学的全部成果，便是幸福生活的全部法典。

——车尔尼雪夫斯基

我大胆地走着正直的道路，绝不有损于正义与真理而谄媚和敷衍任何人。

——卢梭

二十一、独处

1. 独处赢得自由

美丽风景是孤独的,孤独的风景是美丽的,如果有一双慧眼,那么就去找那些美丽的风景吧,哪怕是一瞬间,就足以打动人们的心灵。

——卞之琳

我天性不宜交际。在多数场合,我不是觉得对方乏味,就是怕对方觉得我乏味。可是我既不愿忍受对方的乏味,也不愿费劲使自己显得有趣,那都太累了。我独处时最轻松,因为我不觉得自己乏味,即使乏味,也自己承受,不累及他人,无须感到不安。

——周国平

只有当一个人独处的时候,他才可以完全成为自己。谁要是不热爱独处,那他也就是不热爱自由,因为只有当一个人独处的时候,他才是自由的。

——叔本华

独处对于我们的心灵运动十分有益处,就好像新鲜空气对我们的身体极有帮助一样。

——戴尔·卡耐基

孤独意味着自由与发现。一片广阔无垠的沙漠,会比一座城还令人兴奋。

——纳博科夫

2. 寂寞孕育灿烂

我觉得世间一切光明,都从寂寞中发现出来。譬如天时,一年有一个冬季,是一年寂寞的日子。在此时间,万木枯黄,气象凋落,死寂,冷静,都是他的特色。可是那一年中最华美的春天，不是就从这个寂寞的冬天发现出来的吗？热闹中所含的，都是消沉，都是散灭；黑暗寂寞中所含的，都是发生，都是创造，都是光明。这样讲来，这寂寞的日子，实在有是有滋味、有趣意的日子，不是忍苦受罪的日子，我们实在乐得过，不是耐得过。

——李大钊

修行的路总是孤独的，因为智慧必然来自孤独。

——龙应台

耐得寂寞，才能不寂寞，耐不得寂寞，偏偏寂寞。这是我几十年的经验总结。

——姚雪垠

人生至要之事是发现自己，所以有必要偶尔与孤独、沉思为伍。

——南森

人生寂寞是一种力量。经得起寂寞，就能获得自由；耐不住寂寞，可能会受人牵制。人可以在社会中学习，然而，灵感却只有在孤独的时候，才会涌现出来。

——歌德

艺术家呀！你的强处，就在于孤寂。如果你是单独一个人，那你完全属于自己；如果你和一个伙伴在一起，那你只有一半属于自己，或者还更少些，要看你的朋友是谨慎的还是不谨慎的；如果你有更多的朋友，那你就更加倒霉了。因为你将没有力量拒绝人家拉你，拒绝去听别人闲谈。你将是一个不好的朋友，而且又是一个更不好的工作者，因为没有人能服侍两个主人。

——达·芬奇

3. 孤而不独是一种大境界

孤而不独，是一种大境界、大自由。

——朱光潜

寂寞意味着一段静止下来的时光,当你自己独自面对寂寞的时候,有可能会看到你意想不到的境界。

—— 于丹

无论人生遭遇到什么,不管是意料之中还是情理之外,沉静永远是必备的心理宝藏。

—— 刘心武

除了爱情之外,我认为最宝贵的就是独立精神。

—— 缪塞

二十二、习惯

1. 习惯决定命运

良好习惯的养成，即普通所谓的人品教育，品性人格的陶冶。教育学家、心理学家都告诉我们说：人品性格是习惯的养成，好的品格是好的习惯的养成。
—— 胡适

起初我们造成习惯，后来习惯造成了我们。
—— 王尔德

心若改变，你的态度跟着改变；态度改变，你的习惯跟着改变；习惯改变，你的性格跟着改变；性格改变，你的人生跟着改变。
—— 马斯洛

习惯形成性格，性格决定命运。
—— 约翰·梅纳德·凯恩斯

习惯，就是信念转变为习性和思想转变为行动的过程。
—— 乌申斯基

2. 良好习惯一辈子受用不尽

播种行为，就收获习惯；播种习惯，就收获性格；播种性格，就收获命运。
—— 陶行知

凡是好的态度和好的方法，都要使它化成习惯。只有熟练得成了习惯，好的态度才能随时随地表现，好的方法才能随时随地应用，好像出于本能，一辈子受用不尽。

—— 叶圣陶

习惯的力量比理智更加永恒，更加简便。

—— 约翰·洛克

3. 人应该支配习惯

孩子的成功教育从好习惯培养开始。

—— 巴金

不守时刻是最坏的习惯。起居有定时，言语动作有定规，这是好习惯，须日积月累把它养成。当然人不是机械，是有时变通的，可是自己的决心自己须坚守，不可无有缘故的任意改动。

—— 冯玉祥《送女婿赴美留学赠言》

人应该支配习惯，而决不能让习惯支配自己。

—— 奥斯特洛夫斯基

人并非生来就具有某些恶习和不良习惯，而是后天慢慢养成的。对于我们的生活和事业来讲，有些习惯虽然不好，但它们可能无碍大事，不会产生直接的冲突和严重危害；而有些则是我们获得幸福与成功的大敌。

—— 戴尔·卡耐基

一个人应养成信赖自己的习惯，即使在最危急的时候，也要相信自己的勇敢和毅力。

—— 拿破仑

人们之所以会制造自己的不幸，其主要原因多半是由于本身心中存在习惯性的不幸想法所致！例如总认为一切事情都糟透了，别人拥有非分之财，而我却没有得到应得的报酬等等消极的情绪。

—— 莫里斯·梅特林克

二十三、教养

1. 文明就是造就有教养的人

大事、难事看担当；逆境、顺境看襟度；临喜、临怒看涵养；群行、群止看识见。
——吕坤

孔子说：修己以敬，修己以安人，修己以安百姓，修己就是把自己弄好，然后帮助别人，独善其身然后兼济天下。
——胡适

文化可以用四句话来表达：就是根植于内心的修养；无须提醒的自觉；以约束为前提的自由；为别人着想的善良。
——梁晓声

就像叶子从痛苦地蜷缩中要用力舒展一样，人也要从不假思索的蒙昧里挣扎，这才是活着。
——柴静

关心公益应当是每个有教养的人所共有的。
——列夫·托尔斯泰

对别人述说自己，这是一种天性；因此，认真对待别人向你述说他自己的事，这是一种教养。
——歌德

一个杰出的女子的心灵和生活习惯，都可以在布置上看出来。
——巴尔扎克

2. 有教养才能走向成功

质胜文则野，文胜质则史。文质彬彬，然后君子。

——孔子

修养的花儿在寂静中开过去了，成功的果子便要在光明里结实。

——冰心

礼节比法律更重要，它那高雅的特性为自己筑起一道无法攻克的防护墙。

——爱默生

教养决定了一切。

——马克·吐温

优良的品性是内心真正的财富，而衬显这品性的是良好的教养。

——约翰·洛克

礼仪是在他的一切别种美德之上加上的一层薄饰，使它们对他具有效用，去为他获得一切和他接近的人的尊重与好感。

——约翰·洛克

要把子弟的幸福奠定在德行与良好的教养上面，那才是唯一可靠的和保险的方法。

——约翰·洛克

3. 要理性支配情绪

我们是不是可以大胆地设想：说话分贝，是文明人和野蛮人的分水岭！文明人"轻声细语"，野蛮人"既吼又嚎"！

——柏杨

大声说话是本能，小声说话是文明。

——梁实秋

修养，不是说不会发脾气，而是说不会轻易发脾气。不发脾气的人不一定是有修养的人，动不动就发脾气的人，则是缺乏修养的人。

——汪国真

说到性格修养，困难在调和情与理。人是有生气的动物，不能无情感；人为万物之灵，不能无理智。情热而理冷，所以常相冲突。中外大哲人如孔子、柏拉图诸人都主张以理智节制情欲，使情欲得其正而能与理智相调和，不过这不是一件易事。孔子自道经验说："七十而从心所欲，不逾矩。"这才算是情理融合的境界，以孔子那样圣哲，到七十岁才能做到，可见其难能可贵。大抵修养入手的功夫在多读书明理，自己时时检点自己，要使理智常是清醒的，不让情感与欲望恣意孤行，久而久之，自然胸襟澄然，秤平躁释，遇事都能保持冷静的态度。

——朱光潜

凡是有良好教养的人有一禁诫：勿发脾气。

——爱默生

好脾气，是一个人在社交中所能穿着的最佳服饰。

——都德

4. 中国传统礼仪

君子所贵乎道者三：动容貌，斯远暴慢矣；正颜色，斯近信矣；出辞气，斯远鄙倍矣。

——孔子

夫与长不敬，失礼也；见贤不尊，不仁也。

——庄子

夫行也者，行礼之谓也。礼也者，贵者敬焉，老者孝焉，长者弟焉，幼者兹焉，贱者惠焉。

——荀子

文王之行，至今为法，可谓象之。有威仪也。故君子在位可畏，施舍可爱，进退可度，周旋可则，容止可观，作事可法，德行可象，声气可乐，动作有文，言语有章，以临其下，谓之有威仪也。

——左丘明

或问："何如斯谓之人？"曰："取四重，去四轻，则可谓之人。"曰："何为四重？"曰："重言，重行，重貌，重好。言重则有法，行重则有德，貌重则有威，好重则有观"。"敢问四轻？"曰："言轻则招忧，行轻则招辜，貌轻则招辱，好轻则招淫。"

——扬雄

夫法象立，所以为君子。法象者，莫先乎正容貌，慎威仪。

——徐幹

心术以光明笃实为第一，容貌以正大老成为第一，言行以简重真切为第一。

——吕坤

凡饮食，须要敛身离案，毋令太迫。从容举箸，以次著于盘中，毋致急剧，将肴蔬拨乱。咀嚼，毋使有声，亦不得恣所嗜好，贪求多食。安放碗箸，俱当加意照顾，毋使失误堕地。

——屠羲时

长者立，幼勿坐，长者坐，命乃坐。尊长前，声要低，低不闻，却非宜。或饮食，或坐走，长者先，幼者后。

——李毓秀《弟子规》

用人物，须明求；倘不问，却为偷。借人物，及时还；人借物，有勿悭。凡取与，贵分晓，与宜多，取宜少。

——李毓秀《弟子规》

印象里，爷爷家规矩很多。不用说吃饭时必定是爷爷奶奶上了桌大家才能动筷子，就是父亲这位长兄回家，我的叔叔姑姑们也要起立问上一句"大哥回来啦"。父亲告诉我，这就叫作"孝"与"悌"。

——于丹

二十四、个性

1. 人生各自走着不同的路

一个人没有了个性，便失去了自己。生活中一味地模仿之所以不可为，原因之一就在于它抹杀了个性。

——汪国真

每一个人的生活遭际都是独一无二的。尽管构成人体的基本因素相同，但我们每个人的生命都很奇妙地自成一格，绝不与人雷同。

——戴尔·卡耐基

人类中每一种人才，同每一种树一样，都有它自己完全特殊的性质和果实。

——拉罗什富科

人们生而平等，但又生来各有千秋。

——弗洛姆

世界虽大，也容不下两个在各方面都完全相同的人。

——纪伯伦

有些人的生命像沉静的湖，有些像白云飘荡的一望无际的天空，有些像丰腴富饶的平原，有些像断断续续的山峰。

——罗曼·罗兰

人的性格是扎根在骨头里和血液里的。

——高尔基

一个人的性格决定他的际遇。如果你喜欢你的性格，那么，你就无权决定你的际遇。

—— 罗曼·罗兰

2. 认识和发展自己的优秀个性

一个人的优点就是他的缺点，一个人的缺点就是他的优点。因为人的优缺点是由他的性格产生的。一个人的性格，用得好就叫优点，用得不好就叫缺点。

—— 曾仕强

保持自身的个性和尊重别人的个性同样重要。

—— 汪国真

人生的任务恰恰是既要实现自己的个性，同时又要超越自己的个性。

—— 弗洛姆

如果你不能成为山巅上一棵挺拔的松树，就做一棵山谷中的灌木吧！但要做一棵溪边最好的灌木。走不了大路，何不走条羊肠小道？不能成为太阳，又何妨当颗星星；成败不在于大小——只在于你是否已竭尽所能。

—— 道格拉斯·马洛奇

顺从只不过是把自己当作婴儿交给监护者或教导者照顾，这是弱小、无知和对自己缺乏信心的一种精神症状。有能力指导、教育和把别人置于自己影响下的人，为什么要听命于别人？

—— 洛伦佐·瓦拉

一个人的特色就是他存在的价值，不要勉强自己去学别人，而要发挥自己的特长。这样不但自己觉得快乐，对社会人群也更容易有真正的贡献。

—— 罗曼·罗兰

我们不必羡慕他人的才能，也不须悲叹自己的平庸；每个人都有他的个性魅力。最重要的，就是要认识自己的个性并加以发展。

—— 松下幸子助

3. 个性要得到社会认可

个性的生活在社会中，好比鱼在水里，时时要求相适应。

—— 瞿秋白

一个人的悲剧，往往是个性造成，一个家庭的悲剧，更往往是个性的产物。

—— 柏杨

想当将军一定要有个性，但个性太强就做不了元帅。

—— 马云

如果你的个性让许多人对你敬而远之，那么你的个性是失败的个性。

—— 李开复

二十五、谦虚

1. 谦虚起于自我渺小的意识

　　大自然本身永远是一个疗养院。它即使不能治愈别的疾病，但至少能治愈人类的自大狂症。人类应被安置于适当的尺寸中，并须永远被安置在大自然做背景的地位上，这就是中国山水画中人物总被画得极渺小的理由。

—— 林语堂

　　谦虚起于自知之明，知道自己所已知的比其世间所可知的非常渺小，未知世界随着已知世界扩大，愈前走发见天边愈远。他发现宇宙的无边无底，对之不能不起崇高雄伟之感，反观自己渺小，就不能不起谦虚之感。谦虚必起于自我渺小的意识，谦虚者的心目中必有一种为自己所不知不能的高不可攀的东西，老是要抬着头去望它。这东西可以是全体宇宙，可以是圣贤豪杰，也可以是一个崇高的理想。一个人必须见地高远，"知道天高天厚"才能真正地谦虚；不知道天高地厚的人就老觉得自己伟大，海若未曾望洋，就以为"天下之美尽在己"。

—— 朱光潜

　　伟大的人是绝不合滥用他们的优点的，他们看出他们超过别人的地方，并且意识到这一点，然而绝不会因此就不谦虚。他们的过人之处愈多，他们愈认识到他们的不足。他们对他们超过我们的地方所感到的自负，还不如他们对他们的弱点所感到的羞愧心之大；在享受他们所独有的长处时，他们是绝不会愚蠢到夸耀自己不拥有的天赋。

—— 卢梭

　　认识自己的无知，是认识世界的最可靠的方法。

—— 蒙田

2. 不满是向上的车轮

　　满招损，谦受益。

—— 《尚书·大禹谟》

三人行，必有我师焉，择其善者而从之，其不善者而改之。

——孔子

江河不恶小谷之满己也，故能大。圣人者，事无辞也，物无违也，故能为天下器。江河之水，非一源之水也。千镒之裘，非一狐之白也。夫恶有同方取不取同而已者乎？

——墨子

不满是向上的车轮，能够载着不自满的人前进。

——鲁迅

大智兴邦，不过集众思；大愚误国，只为好自用。聪明睿智，守之以愚；功被天下，守之以让；勇力振世，守之以怯；富有四海，守之以谦。庙堂之上，以养正气为先；海宇之内，以养元气为本。

——钱镠

没有什么能比谦虚和容忍，更适合一位伟人。一个喜欢张扬自己的人，终究是不会有大成就的。

——张岱年

一个人做事失败，虽不必有自满心，但有自满心的人，做事一定要失败。

——冯友兰

人类活动是以不满足为出发点的。

——柏格森

成功的第一个条件是真正的虚心，对自己的一切敝帚自珍的偏见，只要看出同真理冲突，都愿意放弃。

——斯宾塞

3. 谦虚是一种处世哲学

夫子温、良、恭、俭、让以得之。夫子之求也,其诸异乎人之求之与?

——子贡

君子敬而无失,与人恭而有礼。四海之内,皆兄弟也。

——子夏

水唯善下方成海,山不矜高自极天。圣人胸中有大道,得失成败在其中。

——《孔子家语》

立身之本,义让为先。慎是护身之符,谦是百行之本。

——《太公家教》

虚心竹有低头叶,傲骨梅无仰面花。

——郑燮

谦以待人,虚以接物。

——鲁迅

做人要做最上等的人,这才是有志气的孩子。但志气要放在心里,千万不可放在嘴上,千万不可摆在脸上。无论你志气怎样高,对人切不可骄傲。无论你成绩怎么好,待人总要谦虚和气。你越谦虚和气,人家越敬你爱你。你越骄傲,人家越恨你,越瞧不起你。

——胡适

上善若水,水善利万物而不争。正因为不争,天下才没人能与他争,他的不争就是他的强大和力量之源,世上便无人与他相比。

——林语堂

没有什么能比谦虚和容忍,更适合一位伟人。一个喜欢张扬自己的人,终究是不会有大成就的。

——张岱年

傲骨不可无，傲心不可有。无傲骨则近于鄙夫，有傲心不得为君子。

——张潮

对上级谦恭是本分，对平辈谦虚是和善，对下级谦逊是高贵，对所有的人谦逊是安全。

——亚里士多德

伟人多谦虚，小人多骄傲。太阳穿一件光衣，白云却披了灿烂的裙裾。

——泰戈尔

真正有学问的人就像麦穗一样：只要它们是空的，它们就茁壮挺立，昂首睨视；但当它们臻于成熟，饱含鼓胀的麦粒时，它们便谦虚地低着头，不露锋芒。

——蒙田

傲慢让别人无法来爱我，偏见让我无法去爱别人。

——简·奥斯汀

二十六、幽默

1. 幽默是心灵的微笑

　　人之思想有谨愿与超脱二派。有了超脱派,幽默自然出现了。孜孜为利及孜孜为义的人,在超脱派看来,只觉得好笑而已。

——林语堂

　　一个真有幽默的人别有会心,欣然独笑,冷然微笑,替沉闷的人生透一口气。

——钱锺书

　　幽默是凡人而暂时具备了神的眼光,这眼光具有解放心灵的作用,使人得以看清世间一切事情的相对性质,从而显示了一切执著态度的可笑。

——周国平

　　我想一国文化的极好的衡量,是看它喜剧及俳调之发达,而真正的喜剧的标准,是看他能否引起含蓄的思想的笑。

——乔治·麦烈蒂斯

　　最幽默的作家使人发出几乎觉察不到的微笑。

——尼采

2. 幽默是智慧的闪光

　　幽默是对生活的一种哲学式态度,它要求与生活保持一个距离,暂时以局外人的眼光来发现和揶揄生活中的缺陷。毋宁说,人这时成了一个神,他通过对人生缺陷的戏侮而暂时摆脱了这缺陷。

——周国平

幽默是一切智慧的光芒,照耀在古今哲人的灵性中间。凡是幽默的素养者,都是聪敏颖悟的。他们会用幽默的手腕解决一切困难问题,而把每一种事态安排得从容不迫,恰到好处。

——钱仁康

人类几乎是普遍地爱好谐趣,是自然界唯一的会开玩笑的生物。

——爱默生

只有当人是完全意义上的人,他才游戏;只有当人游戏时,他才完全是人。

——席勒

正如思想迸发出语言,波浪升华为形式一样,生命力达到一定高度就会产生幽默。

——苏珊·朗格

什么是幽默呢?幽默是一种温和的笑,是这样一种情绪,就是你觉得你所嘲笑的人又可笑又可怜,或者你虽然觉得他可笑,但是又必须谅解和宽恕他。

——卢那察尔斯基

3. 幽默是才能的体现

好的幽默,都是属于合情合理,其出人意外,在于言人所不敢言。

——林语堂

笑是紧张的预期化归乌有时之情感。

——康德

幽默的欢乐是解脱的欢乐。站在自己之外欣赏自己的创伤就能产生一段时间的快乐。

——哈维·闵德斯

4. 幽默是修养的表露

　　所谓幽默的心态就是一视同仁的好笑的心态。这种态度是人生里很宝贵的，因为它表现着心怀宽大。一个会笑，而且能笑自己的人，决不会为件小事而急躁怀恨。往小了说，他决不会因自己的孩子挨了邻儿一拳，而去打邻儿的爸爸。往大的说，他决不会因为战胜政敌而去请兵。褊狭，自是，是"四海兄弟"这个理想的大障碍：幽默专治此病。

　　　　　　　　　　　　　　　　　　　　　　　　　　　　　　——老舍

　　思想是人的本能，但对一个人的错误，以微微一笑置之却是神了。幽默的发展是和心灵的发展并进的。因此幽默是人类心灵舒展的花朵，它是心灵的放纵或是放纵的心灵。惟有放纵的心灵，才能客观地静观万事万物而不为环境所囿。

　　　　　　　　　　　　　　　　　　　　　　　　　　　　　　——林语堂

　　幽默的能力很大程度上来源于知识的丰富、联想的快速、使用语言的技巧，而这些都需要较高程度的文化修养。

　　　　　　　　　　　　　　　　　　　　　　　　　　　　　　——刘心武

二十七、成熟

1. 从容淡定

　　成熟是一种明亮而不刺眼的光辉，一种圆润而不腻耳的音响，一种不再需要对别人察言观色的从容，一种终于停止向周围申诉求告的大气，一种不理会哄闹的微笑，一种洗刷了偏激的淡漠，一种无须声张的厚实，一种能够看得很远却又并不陡峭的高度。

——余秋雨

　　容忍和冷静，是一个人成熟的表现。

——林语堂

　　有才而性缓定属大才，有智而气和斯为大智。

——弘一法师

　　清能有容，仁能善断，明不伤察，直不过矫，是谓蜜饯不甜、海味不咸，才是懿德。

——洪应明

　　事闲勿荒，事繁勿慌。有言必信，无欲则刚。和若春风，肃若秋霜。取象于钱，外圆内方。

——黄炎培

　　我们必须全力以赴，同时又不抱持任何希望。不管做什么事，都要当它是全世界最重要的一件事，但同时又知道这件事根本无关紧要。

——里尔克

　　记住该记住的，忘记该忘记的。改变能改变的，接受不能改变的。

——塞林格

2. 理智大气

人生要有三"得"，即沉得住气、弯得下腰、抬得起头。

——易中天

成熟的人，从来不怪别人，只会检讨自己。

——亦舒

成熟的和真正的公民意识：把为社会服务看作一个人最主要的美德。

——苏霍姆林斯基

3. 坦诚自信

许多人的所谓的成熟，不过是被习俗磨去了棱角，变得世故而实际了。那不是成熟，而是精神的早衰和个性的夭亡。真正的成熟，应当是独特个性的形成，真实自我的发现，精神上的结果和丰收。

——周国平

精神上的伟人必定是坦诚的，他们足够富有，无需隐瞒自己的欠缺，也足够自尊，不屑于用作秀、演戏、不懂装懂来贬低自己。

——周国平

优等的心，不必华丽，但必须坚强。

——毕淑敏

第三篇 为人

二十八、善良

1. 心地善良,最美人性

善是精神世界的阳光。

—— 雨果

善良的心地,就是黄金。

—— 莎士比亚

在一切道德品质之中,善良的本性在世界上是最需要的。

—— 罗素

人类生活的最幸福的心灵气质是品德善良。

—— 休谟

如果说美貌是推荐信,那么善良就是信用卡。

—— 布尔沃·利顺

善良的行为有一种好处,就是使人的灵魂变得高尚了,并且使它可以做出更美好的行为。

—— 卢梭

善良的人在追求中纵然迷惘,却终将意识到有一条正途。

—— 歌德

2. 传递善良,增加阳光

积善之家,必有余庆;积不善之家,必有余殃。

—— 《周易·坤卦》

在这个尘世上,虽然有不少寒冷,不少黑暗,但只要人与人之间多些信任,多些关爱,那么,就会增加许多阳光。

—— 海子

善良是一种世界通用的语言,它可以使盲人感到、聋人闻到。

—— 马克·吐温

感人肺腑的人类善良的暖流,能医治心灵和肉体的创伤。

—— 罗佐夫

人活着应该让别人因为你活着而得到益处。

—— 马斯洛

做一个善良的人,为群众去谋幸福。

—— 高尔基

3. 予人玫瑰,手有余香

信言不美,美言不信。善者不辩,辩者不善。知者不博,博者不知。圣人不积,既以为人,己愈有,既以与人,己愈多。天之道,利而不害;圣人之道,为而不争。

—— 老子

善人者,人亦善之。

—— 管子

为人不仅要拿得起,放得下,还应该尽自己的能力,去帮助那些需要帮助的人。我们常说，予人玫瑰，手留余香，其实，给予比获取更能使我们内心充满幸福感。

——于丹

　　我们每一个人都是善的承载者，因为点点滴滴的善才有了我们。我们应该来传递善良，传递大爱。在传递中，善和爱的火苗看似点燃别人，实则点燃自己。

——余秋雨

　　人生在世，应该这样，在芬芳别人的同时美丽自己。

——海子

　　人生最美丽的补偿之一，就是人们在真诚地帮助别人之后，也帮助了自己。

——爱默生

　　友善地对待他人，才能使对方友善地对待自己。

——戴尔·卡耐基

　　聪明人都明白这样一个道理，帮助自己的唯一方法就是帮助别人。

——埃·哈伯德

二十九、宽容

1. 宽容是一种境界

有容，德乃大。

——《尚书·君陈》

万物并育而不相害，道并行而不相悖，小德川流，大德敦化，此天地之所以为大也。

——孔子

天之道，利而不害；圣人之道，为而不争。

——老子

海纳百川，有容乃大；壁立千仞，无欲则刚。

——林则徐

世事沧桑心事定，胸中海岳梦中飞。

——冰心选自龚自珍《己亥杂诗》

我果为洪炉大冶，何患顽金纯铁之不可陶熔！我果为巨海长江，何患横流污渎之不能容纳！

——洪应明

唯宽可以容人，唯厚可以载物。

——薛瑄

水至清则无鱼，人至察则无徒。

——戴德

宽容不仅是一种雅量、文明、胸怀，更是一种人生的境界。宽容了别人就等于宽容了自己，宽容的同时，也创造了生命的美丽。

——爱默生

宽容不受约束，它像天上的细雨，滋润大地，带来双重祝福。祝福施予者，也祝福被施予者，它力量巨大，贵比皇冠，它与王权同在，与上帝同在。

——莎士比亚

2.宽容是一种修养

己所不欲，勿施于人。

——孔子

君子贤而能容罢，知而能容愚，博而能容浅，粹而能容杂，夫是之谓兼也。

——荀子

取人以己，内恕及人。情之所恶，不以强人；情之所欲，不以禁民。

——晁错

记人之善，忘人之过。

——陈寿

宽容是什么？它是人性的特点，让我们相互原谅彼此的愚蠢。

——伏尔泰

宽容是荆棘丛中长出来的谷粒。

——普列姆昌德

3. 宽容是一种智慧

佛为心，道为骨，儒为表，大度看世界；技在手，能在身，思在脑，从容过日子。

—— 南怀瑾

小事情上傻一点。该健忘的就健忘，该粗心的就粗心，该弄不清楚的就不清楚，过去了的事就过去了。如果只会记不会忘，只会计算不会估摸，只会明察秋毫不会不见舆薪，只会精明强悍不会丢三落四。你的心理功能不全——比二尖瓣不全还麻烦，你得吃药了。

—— 王蒙

大智慧者必谦和，大善者必宽容，大骄傲者往往谦逊平和。有巨大成就感的人，必定也有包容万物，宽待众生的胸怀。

—— 周国平

不会宽容别人的人，是不配受到别人宽容的。

—— 屠格涅夫

不要在一件别扭的事上纠缠太久。实际上，到最后，你不是跟事过不去，而是跟自己过不去。无论多别扭，都要学会抽身而退。

—— 几米

三十、真诚

1. 真诚是人生的最高美德

诚者,真实无妄之谓,天理之本然也。

——朱子

人之操履无若诚实。

——朱子

诚,五常之本,百行之源也。

——周敦颐

圣人之道无他,至诚而已。

——元好问

若有人兮天一方,忠为衣兮信为裳。

——卢照邻

推之以诚,则不言而信。

——王通

言而必信,期而必当,天下之高行也。

——刘安

我希望我将具有足够的坚定性和美德,借以保持所有称号中,我认为最值得羡慕的称号：一个真诚的人。

—— 华盛顿

诚实是最伟大的美德，它为人们的生活涂上一笔最真实的色彩。

—— 马雅克夫斯基

世界上没有比真诚更可贵的了。

—— 西塞罗

真诚与朴实是天才的宝贵品质。

—— 左拉

诚实比一切智谋更好，而且它是智谋的基本条件。

—— 康德

2. 诚信是立身之本

人而无信，不知其可也。大车无輗，小车无軏，其何以行之哉？

—— 孔子

言之所以为言者，信也。言而不信，何以为言？

—— 穀梁赤

夫信者，人君之大宝也。国保于民，民得于信，非信无以使民，非民无以守国。

—— 司马光

诚者，圣人之本。

—— 周敦颐

诚则是人，伪则是兽。

—— 黄宗羲

以真实肝胆待人，虽未必成功，日后人必见我肝胆；以诈伪心肠处事，人即一时受惑，日后必见我之心肠。

—— 金缨

万善之首必曰信。

—— 谭嗣同

诚实的人说的话，像他的抵押品那样可靠。

—— 塞万提斯

真诚是人生的命脉，是一切价值的根基。

—— 德莱塞

我立身处世，就靠真理和诚实。如果我丧失了真理和诚实，就等于和我的敌人一起击败了我自己。

—— 莎士比亚

我年纪越大，越分明认得人生最神圣的举动，就是口里说出和心里觉得我相信这件事是真的。人生最大的报酬和最重的惩罚，都是跟着这一句话来的。

—— 赫胥黎

诚实是力量的一种象征，它显示着一个人的高度自重和内心的安全感与尊严感。

—— 艾琳·卡瑟拉

失足，你可能马上恢复站立；失信，你也许永远难以挽回。

—— 富兰克林

生命不可能从谎言中开出灿烂的鲜花。

—— 海因里希·海涅

遵守诺言应像保卫你的荣誉一样。

———巴尔扎克

3. 诚实是处世法宝

诚者,天之道也;思诚者,人之道也。至诚而不动者,未之有也;不诚,未有能动者也。

———孟子

圣人为知矣,不诚则不能化万民。

———荀子

精诚所至,金石为开。

———王充

以诚感人者,人亦以诚应;以诈御人者,人亦以诈应。

———薛瑄

一言贵于千金,一诺重于千钧。

———刘基

做本色人,说真心话,干近情事。

———吕坤

肯说真话,敢驳假话,不说谎话。

———陶行知

我的家风家规,如果说起来,我们的直接继承就是我父亲——不说狂话,不说大话,更不说谎话,只说实话、真话。

———陈忠实

说真话的好处就是你不必记得你都说了些什么。

——于丹

你必须以诚待人,别人才会以诚相报。

——李嘉诚

真诚是处世行事的最好方法。

——帕特里克·怀特

真心诚意的关心他人:如果你想要人们都关心你,前提必须是你先关心别人;如果你想在一分钟内打动他,就请你记住他的喜好。

——戴尔·卡耐基

一个诚实的人,不论他有多少缺点,同他接触时,心神会感到清爽。这样的人,一定能找到幸福,在事业上有所成就。这是因为以诚待人,别人也会以诚相见。

——池田大作

真诚的关心,让人心里那股高兴劲儿就跟清晨的小鸟迎着春天的朝阳一样。

——高尔基

诚实而无知,是软弱的,无用的;然而有知识而不诚实,却是危险的,可怕的。

——约翰逊

对所有的人以诚相待,同多数人和睦相处,和少数人常来常往,只跟一个亲密无间。

——富兰克林

4. 诚信是国家的宝贵财富

子贡问政。子曰:"足食,足兵,民信之矣。"子贡曰:"必不得已而去,于斯三者何先?"曰:"去兵。"子贡问曰:"必不得已而去,于斯二者何先?"曰:"去食。

自古皆有死，民无信不立。"

——《论语·颜渊》

政者，口言之，身必行之。

——墨子

政令信者强，政令不信者弱。

——荀子

与国人交，止于信。

——曾子

信，国之宝也，民之所庇也。

——重耳

君无信，臣惧不免。

——左丘明

古者禹汤本义务信而天下治，桀纣弃义倍信而天下乱。故为人上者，必将慎礼义、务忠信，然后可。此君人者之大本也。

——荀子

戡定祸乱，未有不本于至诚而能有济者。

——脱脱阿鲁图《二十四史·宋史》

三十一、坦率

1. 浩然正气，光明洁净

君子坦荡荡，小人长戚戚。

——孔子

一点浩然气，千里快哉风。

——苏轼

世上闲愁千万斛，不教一点上眉端。

——陆游

人心贵乎光明洁净。大丈夫心思，当如青天白日，使人得而见之可也。

——薛瑄

我们喜欢的是：坦白，落落大方；我们尊重的是：谦虚，平易近人。

——郭沫若

坦白直率最能得人心。

——巴尔扎克

坦率地说出自己的心里话不仅是一种道德上的责任，而且还是一种令人快慰的事。

——王尔德

用一双干净的手和一颗纯洁的心去战斗，用自己的生命去发扬神圣的正义，这真是优美的事情。

——罗兰·罗曼

即使那些行为并不坦白正直的人也会承认坦白正直地待人是人性的光荣，而真假相混则有如金银币中杂以合金一样，也许可以使那金银用起来方便一点，但是把他们的品质却弄贱了。

——培根

2. 毁誉无波，顺逆不惑

丈夫志量包宇宙，细故那得风波生。

——薛瑄

不以一人之毁誉为喜怒，不以一言之顺逆为行止。

——张廷玉

日月不以阴霾而改其升沉，圣贤不以昏乱而变其出处。有常度，万物仰；有常德，万民望。

——田艺蘅

君子不受虚誉，不祈妄福，不避死义。

——王通

己未善，人誉之，不足喜；己有善，人毁之，不足怒。

——薛瑄

牢骚太盛防肠断，风物长宜放眼量。

——毛泽东

3. 心底无私，目中有人

如烟往事俱忘却；心底无私天地宽。

——陶铸

君子不推人危,不攻人厄。

——金缨

君子如春风,可爱不可竭;小人如酒颜,但得暂时热。

——顾图河

我所不能者,不敢以责人;人所必不能者,不敢以强人。

——魏禧

居上位而不骄,在下位而不忧。

——《周易·乾卦》

律己宜带秋风,处事宜带春风。

——张潮

临事,须替别人想;论人,先将自己想。

——弘一大师

朋友间有误会应当坦率地交换看法,不可背地诽谤;有过失应当面规劝之,在背后则应赞扬他的优点。

——贝原益轩

三十二、厚道

1. 温温恭人,维德之基

地势坤,君子以厚德载物。

——《周易·坤卦》

至哉坤元,万物资生,乃顺承天。坤厚载物,德合无疆。

——《周易·坤卦·象传》

柔远能迩,惇德允元,而难任人,蛮夷顺服。

——《尚书·夏书·舜典》

仁者爱人,智者知人。己欲立而立人,己欲达而达人。

——孔子

仁,人心也;义,人路也。

——孟子

上善若水;水善利万物而不争,处众人之所恶,故几于道。居善地,心善渊,与善仁,言善信,政善治,事善能,动善时。夫惟不争,故无尤。

——老子

故至诚无息,不息则久,久则征,征则悠远,悠远则博厚,博厚则高明。博厚,所以载物也;高明,所以覆物也;悠远,所以成物也。

——子思

君子宽而不侵，廉而不刿，辩而不争，察而不激，直立而不胜，坚强而不暴，柔从而不流，恭敬谨慎而容。

——荀子

一味的正直是不够的，还得考虑温厚和宽恕才是。

——乔叟

2. 严己宽人，兼容并包

躬自厚而薄责于人，则远怨矣。

——孔子

君子之度己则以绳，接人则用抴。度己以绳，故足以为天下法则矣；接人用抴，故能宽容，因求以成天下之大事矣。故君子贤而能容罢，知而能容愚，博而能容浅，粹而能容杂，夫是之谓兼术。

——荀子

兼服天下之心：高上尊贵不以骄人；聪明圣知不以穷人；齐给速通不争先人；刚毅勇敢不以伤人。

——荀子

完名美节，不宜独任，分些与人，可以远害全身；辱行污名，不宜全推，引些归己，可以韬光养德。

——洪应明

3. 难得糊涂，吃亏是福

难得糊涂。聪明难，糊涂难，由聪明变糊涂更难。

——郑板桥

福莫福于少事，祸莫祸于多心。惟少事者方知少事之福；惟平心者始知多心之为祸。

——洪应明

十分不耐烦，乃为人之大病；一味学吃亏，是处事之良方。

——王永彬

人往往把自己看得过重才会患得患失。其实人要看轻自己，少一些自我，多一些换位，才能心生快乐。别带目的性去和别人相处，你会发现自己收获的都是惊喜。

——于丹

生活中最大的享受、最高的乐趣就在于觉得自己是为人们所需要，是使人们感到亲切的。

——高尔基

三十三、责任

1. 责任担当，社会使命

古之人，得志，泽加于民；不得志，修身见于世。穷则独善其身，达则兼善天下。

——孟子

我的宗教教旨是：我这个现在的"小我"（个人），对于那永远不朽的"大我"（社会）的无穷过去，须负重大的责任；对于那永远不朽的"大我"的无穷未来，也须负重大的责任。我须要时时想着，我应该如何努力利用现在的"小我"，方才可以不辜负了那"大我"的无穷过去，方才可以不遗害那"大我"的无穷未来？

——胡适

先生的责任是教人做人。

——陶行知

我们活在世上，不免要承担各种责任，小至对家庭、亲戚、朋友，对自己的职务，大至对国家和社会。这些责任多半是应该承担的。不过，我们不要忘记，除此之外，我们还有一项根本的责任，便是对自己的人生负责。

——周国平

作为确定的人，现实的人，你就有规定、就有使命、就有任务，至于你是否意识到这一点，那是无所谓的。

——马克思

每个人都被生命询问，而他只有用自己的生命才能回答此问题；只有以"负责"来答复生命。因此，"能够负责"是人类存在最重要的本质。

——维克多·费兰克

友谊永远是一个甜柔的责任。

——纪伯伦

在美国，我们都认可过样一种文化，即每个人都要为自己在生命中所做出的决定负责。人们还应该懂得，在这个国家里，富有责任感的社会意味着我们要爱周围的人。

——乔治·布什

艺术应当担负起哺育思想的责任。

——白朗宁

2. 事不避难，义不逃责

事不避难，义不逃责，素位而行，随适而安，故吾人立身行己之大要也。

——汤霖

自己的责任必须自己担当起，成功是我的成功，失败也是我的失败。

——朱光潜

一个人迈向成熟的第一步应该是敢于承担责任。我们生活在世，就要面对生命中的许多责任。不成熟的人最常犯的过错，便是遇事抽身而退，不敢面对现实。

——戴尔·卡耐基

为自己所做的一切承担责任。

——萨特

一个人若是没有热情，他将一事无成，而热情的基点正是责任心。

——列夫·托尔斯泰

3. 责任崇高，人性伟大

天下兴亡，匹夫有责。

——顾炎武

我们的责任,是向人民负责。

——毛泽东

一个人能够替大我尽责任,才能够实现自我。能够创造新的价值,才能够享受和扩大新的权利。权利的享受,只是尽责任的结果;若是不负责任,而固守个人权利,则保守愈久,权利的范围愈小。所以我们唯有投身于大我中,尽人生所应尽的责任,充实自我以扩张大我,乃有真正的权利可言。不然的话,只谈人权,不尽己责,国家灭亡,民族灭亡,自己也就灭亡。

——罗家伦

生命跟时代的崇高责任联系在一起就会永垂不朽。

——车尔尼雪夫斯基

每一个人都应该有这样的信心:人所能负的责任,我必能负;人所不能负的责任,我也能负。如此,你才能磨炼自己,求得更高的知识而进入更高的境界。

——林肯

高尚、伟大的代价就是责任。

——丘吉尔

要使一个人显示他的本质,叫他承担一种责任是最好的办法。

——毛姆

三十四、互助

1. 互助互利，生存需要

互助的原则是改造人类精神的信条。

—— 李大钊

自私是人的本性，孩子一出生，拇指都是往自己嘴巴里放，没有见过那个孩子把手指给人家吃。人不可能不自私，但也不能过分自私。做人上半夜想想自己，下半夜想想别人。把别人逼得无路可走，就等于给自己制造困难。当得到好处的时候，首先要想到别人，而不是只顾自己。

—— 曾仕强

一个人活着，要使自己的幸福最大化，而且要让别人因为你的存在，幸福多一些。

—— 毕淑敏

人类的生活全是社会的生活，社会是有机的组织，全体影响个人，个人影响全体。社会的活动全是互助的，你靠他帮忙，他靠你帮忙，我又靠你同他帮忙，你同他又靠我帮忙。你少说了一句话，我或者不是我现在的样子；我多尽了一分力，你或者也不是你现在这个样子；我和你多尽了一分力，或少做了一点事，社会的全体也许不是现在这个样子。这便是社会协进的观念。

—— 胡适

应该尊重彼此间的相互帮助，这在社会生活中是不可少的。

—— 高尔基

只有当你给你的朋友以某种帮助时，你的精神才能变得丰富起来。

—— 苏霍姆林斯基

竭诚相助亲密无间，乃友谊之最高境界。

——瓦鲁瓦尔

一个人的力量是很难应付生活环境中无边的苦难的，所以我们要人帮助，也乐于助人。

——茨威格

困难以及希望渺茫时，最大胆的帮助是最为安全的。

——提图斯·李维

"真正的商人应考虑人我双赢"，这是梅岩的话。意思是商人从商的极致就是让对方得利、自己也获利。就是说，这中间包含了"自利利他"的精髓。

——稻盛和夫

2. 礼尚往来，助人助己

夫爱人者，人必从而爱之；利人者，人必从而利之；恶人者，人必从而恶之；害人者，人必从而害之。

——墨子

害别人就是害自己；帮别人就是帮自己。

——曾仕强

待人宽一分是福，利人实利己的根基。

——洪应明

处世之道，贵在礼尚往来。如果你想获得友谊，你必须为你的朋友效力。

——爱默生

只要还有能力帮助别人，就没有权利袖手旁观。

——罗曼·罗兰

你若要喜爱自己的价值，你就得给世界创造价值。

——歌德

3. 舍己为人，爱播大地

世界上有这样一些幸福的人，他们把自己的痛苦化作他人的幸福，他们挥泪埋葬了自己在尘世间的希望，它却变成了种子，长出鲜花和香膏，为孤苦伶仃的苦命人医治创伤。

——比彻·斯托夫人

做人要正直，而且有帮助亲友的义务。有时候应该连自己都不顾惜。

——屠格涅夫

你的朋友是你的有回答的需求，他是你用爱播种、用感谢收获的田地。

——纪伯伦

如果人想从人生中得到任何快乐，就不能只想到自己，而应为他人着想，因为快乐来自于你为别人、别人为你。

——西奥多·德莱塞

人世间没有比互相竭尽全力、互相尽力照料更加快乐的了。

——西塞罗

三十五、乐群

1. 人是群居的社交动物

群道当，则万物皆得其宜，六畜皆得其长，群生皆得其命。

—— 荀子

力不敌众，智不尽物。与其用一人，不如用一国。故智力敌而群物胜，揣中则私劳，不中则在过。下君尽己之能，中君尽人之力，上君尽人之智。

—— 韩非子

民吾同胞，物吾与也。

—— 张载

世间上无论做什么事，合作才能成功，合作才有力量。例如，一个人的身体，眼睛要看，耳朵要听，脚要走路，手要拿东西，嘴要说话，虽然功用不一样，可是必须合作。合作，做人才能成功；合作，做事才能成就。

—— 星云大师

人是社交动物。我们是动物群中的成员。如果我们不遵循这动物群中的原则，就会遭到报应。

—— 毛姆

经验告诉我们，通过人与人的互相扶助，他们便易于各获所需，而且惟有通过人群联合的力量才可易于避免随时随地威胁人类生存的危险。

—— 斯宾诺莎

唯有具备合作精神的人，才能生存，并创造文明。

——泰戈尔

2. 群众力量大于天

民可近，不可下。民惟邦本，本固邦宁。

——《尚书·五子之歌》

民为贵，社稷次之，君为轻。

——孟子

人何以能群？曰：分。分何以能行？曰：义。故义以分则和，和则一，一则多力，多力则强，强则胜物。

——荀子

夫霸王之所始也，以人为本。本理则国固，本乱则国危。

——管子

人民是土壤，它含有一切事物发展所必需的生命汁液；而个人则是这土壤上的花朵与果实。

——别林斯基

3. 合群是人的最高需要

四海之内若一家，故近者不隐其能，远者不疾其劳，无幽闲隐蔽之国，莫不趋使而安乐之。

——荀子

能用众力则无敌于天下；能用众智则无畏于圣人矣。

——孙权

每个人应该遵守生之法则，把个人的命运联系在民族的命运上，将个人的生存放在群体的生存里。

——巴金

一滴水只有放进大海里才永远不会干涸，一个人只有当他把自己和集体事业融在一起的时候才会有力量。

——雷锋

不管努力的目标是什么，不管他干什么，他单枪匹马总是没有力量的。合群永远是一切善良思想的人的最高需要。

——歌德

要永远觉得祖国的土地稳固地在你脚下，要与集体一起生活，要记住，是集体教育了你。哪一天你若脱离集体，那便是末路的开始。

——奥斯特洛夫斯基

4. 亲民是为政之本

得天下有道，得其民，斯得天下矣。得其民有道，得其心，斯得民矣。得其心有道，所欲与之聚之，所恶勿施尔也。

——孟子

乐民之乐者，民亦乐其乐；忧民之忧者，民亦忧其忧。乐以天下，忧以天下，然而不王者，未之有也。

——孟子

道得众则国得，失众则失国。

——曾子

政之所兴，在顺民心；政之所废，在逆民心。民恶忧劳，我佚乐之；民恶贫贱，我富贵之；民恶危坠，我存安之；民恶灭绝，我生育之。

——管子

凡举事，必先审民心，然后可举。

——吕不韦

臣闻有道之君，以乐乐民；无道之君，以乐乐身。乐民者，其乐弥长；乐身者，不乐而亡。夫民者，国之根也，诚宜重其食，爱其命。民安则君安，民乐则君乐。

——陈寿

为政之道，以顺民心为本，以厚民生为本，以安而不扰为本。

——程颐

与人同病相救，同情相成，同恶相助，同好相趋。

——姜子牙

去民之患，如除腹心之疾。

——苏辙

长太息以掩涕兮，哀民生之多艰。

——屈子

心中为念农桑苦，耳里如闻饥冻声。

——白居易

但得众生皆得饱，不辞羸病卧残阳。

——李纲

但愿苍生俱饱暖，不辞辛苦出山林。

——于谦

忧国者不顾其身，爱民者不罔其上。

——林逋

三十六、和谐

1. "天人合一"是中国传统文化核心理念

立天之道曰阴与阳，立地之道曰柔与刚，立人之道曰仁与义。兼三才而两之，故《易》六画而成卦。

—— 《周易·说卦传》

夫大人者，与天地合其德，与日月合其明，与四时合其序，与鬼神合其凶吉。先天而天弗违，后天而奉天时。

—— 《周易·文言传》

万物负阴而抱阳，冲气以为和。

—— 老子

人法地，地法天，天法道，道法自然。

—— 老子

天地者，万物之父母也。天地与我并生，而万物与我为一。

—— 庄子

道大，天大，地大，人亦大。

—— 老子

人禀气而生，含气而长。

—— 王充

四方上下曰宇，往古来今曰宙。宇宙便是吾心，吾心便是宇宙。

——陆九渊

财成天地之道，辅相天地之宜，以左右民。

——《周易》

中国文化的精髓就是"和谐"。

——季羡林

2. 冲突产生和谐需要

　　人皆有欲，皆求满足其欲。种种活动，皆由此起。欲是相互冲突的。不但此人之欲与彼人之欲，常互相冲突，即一人自己之欲，亦常互相冲突。所以如要个人人格，不致分裂，社会统一，能以维持，则必须于互相冲突的欲之内，求一个"和"。"和"之目的，就是要叫可能的最多数之欲，皆得满足。所谓道德及政治上社会上所有的种种制度，皆是求"和"之方法。他们这些特殊的方法，虽未必对，而求"和"之方法，总是不可少的。

——冯友兰

　　人世间，凡事都求和谐。比如夫妻结婚，男女之间要相互调和才能和美。理想和现实矛盾的时候迁就哪个？我认为一半一半。世界万事万物都是这样，要众愿和谐、均衡，才能成事。

——星云大师

　　我们的生命像世界的协奏曲，由相异的因素组成，美妙的和刺耳的，尖锐的和平展的，活泼的和庄严的。

——蒙田

3. 追求和谐之美是人类的本能

君子和而不同，小人同而不和。

——孔子

天时不如地利，地利不如人和。

——孟子

礼之用，和为贵。先王之道，斯为美，小大由之。

——有子

商契能合和五教（韦昭注"五教"为"父义、母慈、兄友、弟恭、子孝"），以保于百姓者也。

——左丘明

司马牛忧曰："人皆有兄弟，我独亡。"子夏曰："商闻之矣：死生有命，富贵有天。君子敬而无失，与人恭而有礼。四海之内，皆兄弟也。君子何患乎无兄弟也？"

——《论语·颜渊》

"和谐"这一概念，是我们中华民族送给世界的一个伟大礼物。

——季羡林

生活的最好状态是冷冷清清的风风火火。

——木心

亲善产生幸福，文明带来和谐。

——雨果

对和谐之美的追求是人类的本能。

——马克思

4. 世间处处需和谐

畜之以道则民和，养之以德则民合。和合故而能谐，谐故能辑。谐辑以悉，莫之能伤。

——管子

我们讲和谐，不仅要人与人和谐，人与自然和谐，还要人内心和谐。

—— 季羡林

美的真谛应该是和谐。这种和谐体现在人身上，就造就了人的美；表现在物上，就造就了物的美；融汇在环境中，就造就环境的美。

—— 冰心

各美其美，美人之美，美美与共，天下大同。

—— 费孝通

世间最平和的快乐就是静观天地与人世，慢慢地品味出它的和谐。

—— 三毛

青春似一日之晨，它冰清玉洁，充满着遐想与和谐。

—— 夏多布里昂

友谊是一种和谐的平等。

—— 毕达哥拉斯

歌与诗是对天生和谐的姐妹。

—— 弥尔顿

三十七、尊重

1. 人的尊严比什么都重要

礼尚往来,往而不来,非礼也;来而不往,亦非礼也。

——《礼记·曲礼上》

人的尊严比金钱、地位、权势、甚至比生命都更有价值。

——海卡尔

没有任何事物比人的存在更高,没有任何事情比人的存在更具尊严。

——弗洛姆

尊重人的尊严,是一件很干净、很美的事!

——萨特宁

尊重生命、尊重他人,也尊重自己的生命,是生命进程中的伴随物,也是心理健康的一个条件。

——弗洛姆

当一个生命出现危难时,另一个生命无论结果如何也要拯救这个生命——这是生命的尊严使然。

——康德

2. 每一个人都值得尊重

要尊重每一个人,不论他是何等卑微与可笑。要记住,活在每个人身上的是和你我相同的性灵。

——叔本华

一个人不可能完美无缺，但这并不等于说他无足轻重。每一个人都有一些别人所不具备的东西。

——巴斯克里

对于一个有优秀才能的人来说，懂得平等待人，是最伟大、最正直的品质。

——理查·斯梯尔

所有的人毫无例外都是为了美好的将来活着，所以一定要尊重每一个人。

——高尔基

记住对方的名字：人人都渴望被尊重，记住他的名字会给他一种被尊重的感觉。

——戴尔·卡耐基

应当耐心听取他人的意见，认真考虑指责你的人是否有理。如果他有理，你就修正自己的错误；如果他理亏，只当没听见。

——达·芬奇

3. 尊重别人就是尊重自己

仁者爱人，有礼者敬人。爱人者，人恒爱之；敬人者，人恒敬之。

——孟子

我以为别人尊重我，是因为我很优秀。慢慢地我明白了，别人尊重我，是因为别人很优秀；优秀的人更懂得尊重别人。对人恭敬其实是在庄严你自己。

——仓央嘉措

对不起是一种真诚，没关系是一种风度。如果你付出了真诚，却得不到风度，那只能说明对方的无知与粗俗！

—— 刘心武

我们应该用我们希望朋友对待我们的方式去对待朋友。

—— 亚里士多德

只有尊敬他人，自己才能够受到尊敬。

—— 爱默生

不要揭露人的隐私。因为在你侮辱他们时，你的信誉也将受到损失。

—— 萨迪

三十八、自尊

1. 自尊心是人追求完美的动力

自尊心是进步之母,自贱心是堕落之源,故自尊心不可无,自贱心不可有。

—— 邹韬奋

没有自我尊重,就没有道德的纯洁性和丰富的个性精神。对自身的尊重、荣誉感、自豪感、自尊心——这是一块磨炼细腻感情的砺石。

—— 苏霍姆林斯基

自尊心是一个人灵魂中的伟大杠杆。

—— 别林斯基

自重、自觉、自制,此三者可以引致生命的崇高境域。

—— 丁尼生

自尊心是一个人品德的基础;若失去了自尊心,一个人的品德就会瓦解。

—— 斯特拉夫人

自尊心是一种美德,是促使一个人不断向上发展的一种原动力。

—— 毛姆

自尊自爱,作为一种力求完美的动力,都是一切伟大事业的渊源。

—— 屠格涅夫

人受到震动有种种不同：有的是在脊椎骨上，有的是在神经上，有的是在道德感受上，而最强烈的、最持久的则是在个人尊严上。

—— 约翰·高尔斯华绥

自尊需要的满足导致一种自信的感情，使人觉得自己在这个世界上有价值、有力量、有能力、有位置、有用处和必不可少。

—— 马斯洛

一个人能否有成就，只看他是否具备自尊心与自信心两个条件。

—— 苏格拉底

2. 他尊要以自尊为前提

夫人必自侮，然后人侮之；家必自毁，而后人毁之；国必自伐，而后人伐之。《太甲》曰："天作孽，犹可违；自作孽，不可活。"

—— 孟子

人必其自爱也，而后人爱诸；人必其自敬也，而后人敬诸。自爱，仁之至也；自敬，礼之至也。未有不自爱敬而人爱敬之者也。

—— 扬雄

谅我不敢祝愿每一位毕业生都成功、都幸福，因为历史不幸地记载着：有人的成功代价是丧失良知，有人的幸福代价是损害他人。我祝愿：退休之日，你觉得职业中的自己值得尊重；迟暮之年，你感到生活中的自己值得尊重。

—— 饶毅

谁有自尊，谁就会得到尊重。

—— 巴尔扎克

3. 只有学会自尊才能尊重他人

不会崇敬自己的，决不能真正崇拜他人。

—— 许地山

只有尊重自己的人，才会尊重别人。

——亨利·詹姆斯

不知道他自己的尊严的人，便不能尊重别人的尊严。

——席勒

谁自卑自贱，就是卑贱的人。不要妄自菲薄。

——塞万提斯

最野蛮的是轻蔑自己。

——蒙田

人假使没自尊心，那就一无价值。

——屠格涅夫

自暴自弃，是一条永远腐蚀和啃啮心灵的毒蛇，它吸取着心灵的新鲜血液，并在其中注入厌世和绝望的毒液。

——马克思

三十九、理解

1. 理解是沟通的桥梁

如果人们不会互相理解,那么他们怎么能学会默默地互相尊重呢?

—— 高尔基

我们平等地相爱,因为互相了解,互相尊重。

—— 托尔斯泰

2. 理解是以同情心观照别人

朋友彼此帮助时所应注意的就是:以同情为根本,以了解为前提。我们对朋友如果爱护他,自然要留意他的毛病短处,而最要紧的,还是要对于他的毛病短处,须有一种原谅的意思。

—— 梁漱溟

同情是善良心地所启发的一种情感的反映。

—— 孟德斯鸠

通过同情去理解并且经受别人的痛苦,自己也会内心丰富。

—— 茨威格

如果他对其他人的痛苦不幸有同情之心,那他的心必定十分美好,犹如那能流出汁液为人治伤的珍贵树木。

—— 培根

对一个伤痛不要打探得太深，以免造成一个新的伤痛。

——富勒

人们交友，并不是要求别人赞同自己的行为，需要的只是理解。

——海涅

3. 理解是从对方的角度考虑问题

如果我们只会站在自己的角度看问题，那么我们永远不知道别人在想什么。

——于丹

也许有些人很可恶，有些人很卑鄙。而当我设身为他想象的时候，我才知道：他比我还可怜。所以请原谅所有你见过的人，好人或者坏人。

——海子

遇到事情要站在对方的角度看问题，这样才能更全面地了解对方的处境，不要总对人下命令，要学会从对方的角度考虑问题。在适合的时候，要给对方送上同情，只有这样才能消除对方的疑虑，使对方乐于帮助你完成某事。

——戴尔·卡耐基

四十、善用

1. 识人全面深入

岁寒知松柏,患难见真情。路遥知马力,日久见人心。

——汤显祖

知人道有七焉:一曰间之以是非而观其志,二曰穷之以辞辩而观其变,三曰咨之以计谋而观其识,四曰告之以祸难而观其勇,五曰醉之以酒而观其性,六曰临之利而观其廉,七曰期之以事而观其信。

——诸葛亮

凡听言,要先知言者人品,又要知言者意向,又要知言者见识,又要知言者气质,则听不爽矣。

——吕坤

察言观色,度德量力。此八字处世为人,一时少不得底。

——吕坤

一个人的实质,不在于他向你显露的那一面,而在于他所不能向你显露的那一面。因此,如果你想了解他,不要去听他说出的话,而要去听他的没有说出的话。

——纪伯伦

判断一个人当然不是看他的声明,而是看他的行为;不是看他自称如何如何,而是看他做些什么和实际是怎样一个人。

——恩格斯

判断一个人，与其根据他的言词，不如根据他的行为，因为言词漂亮但行为令人不敢恭维的人，到处可见。

——克劳狄乌斯

判断人，决不是光凭眼睛，不用耳朵；还得经过深思熟虑，并不轻信所见所闻。

——莎士比亚

重要的不在于你是谁生的，而在于你跟谁交朋友。

——塞万提斯

2. 选人德才兼备

才德兼备为圣人，才德两缺是愚人，德操多于才能者可称之君子，才能多于德操的人则是小人。君子凭借才能而行善，小人倚仗才能而作恶。选人用人，德操为先。假使没有圣人和君子可供选择，与其使用小人，不如使用才能一般的人。

——司马光

德必核其真，然后授其位；能必核其真，然后受其事。

——司马光

须是内精明，而外浑厚，使好丑两得其平，贤愚共受其益，才是生成的德量。

——洪应明

3. 用人取长使工

是以圣人常善救人，故无弃人；常善救物，故无弃物。

——老子

君子不可小知而可大受也；小人不可大受而可小知也。

——孔子

夫尺有所短，寸有所长；物有所不足，智有所不明；数有所不逮，神有所不通。

—— 屈子

柱以直木为坚，辅以直士为贤。

—— 诸葛亮

非材之尽良也，大小各有所取也；非臣之尽圣也，内外各有所使也。

—— 田艺蘅

任人之长，不强其短；任人之工，不强其拙。此任人之大略也。

—— 晏子

哪怕再愚蠢再迟钝的人，也一定有可用之处，关键是要有善用之人。

—— 吕坤

好丑心太明，则物不契；贤愚心太明，则人不亲。

—— 洪应明

用人之智去其诈，用人之勇去其怒，用人之仁去其贪。用智者之谋，勇者之断，仁者之施，足以成治矣。

—— 张弧

建万世之基，立不拔之策者，必倚老成之人。

—— 谢泌

四十一、友情

1. 友谊是人与人之间的好感

益者三友,损者三友。友直,友谅,友多闻,益矣。友便辟,友善柔,友便佞,损矣。
——孔子

对渊博友,如读异书;对风雅友,如读名人诗文;对谨饬友,如读圣贤经传;对滑稽友,如阅传奇小说。
——张潮

朋友有四种类型:有友如花,有友如秤,有友如山,有友如地。交友有益健康长寿,因为朋友多,不寂寞,兴趣多,运动多。
——林语堂

真正友谊的形成,并非由于双方有意的拉拢,带些偶然,带些不知不觉。
——钱锺书

人生的快乐有一大半要建筑在人与人的关系上面。只要人与人关系调处得好,生活没有不快乐的。许多人感觉生活苦恼,原因大半在没有把人与人的关系调处适宜。这人与人的关系在我国向称为"人伦"。在人伦中先儒指出五个最重要的,就是君臣、父子、夫妇、兄弟、朋友。五伦之中,朋友一伦的地位很特别,它不像其他四伦都有法律的基础,它起于自由的结合,没有法律的力量维系它或是限定它,它的唯一基础是友爱与信义。但是它的重要性并不因此减少。如果我们把人与人中间的好感称为友谊,则无论是君臣、父子、夫妇或是兄弟之中,都绝对不能没有友谊。它是一切人伦的基础。
——朱光潜

所谓朋友，也不过是互相使对方活得更加温暖、更加自在的那些人。

——余秋雨

朋友，是这么一批人。是你快乐时，容易忘掉的人。是你痛苦时，第一个想去找的人。是给你帮助，不用说谢谢的人。是掠扰之后，不用心怀愧疚的人。是对你从不苛求的人，是你不用提防的人。是你败走麦城，也不对你另眼相待的人。是你步步高升，对你称呼不改变的人。

——崔永元

2. 友谊是人生一件乐事

君子以文会友，以友辅仁。

——曾子

人生得一知己足矣！

——鲁迅

谁都知道，有真正的好朋友是人生一件乐事。人是社会的动物，生来就有同情心，生来也就需要同情心。读一篇好诗文，看一片好风景，没有一个人在身旁可以告诉他说："这真好呀！"心里就觉得美中有不足。遇到一件大喜事，没有人和你同喜，你的欢喜就要减少七八分；遇到一件大灾难，没有人和你同悲，你的悲痛就增加七八分。

——朱光潜

友情是生命的一盏明灯，离开它，生命就不会开花结果。

——巴金

世上最大的快事无过于相互的情谊、相互的关心和帮助。

——西塞罗

世界上没有比一个既真诚又聪明的朋友更可宝贵的了。

——希罗多德

多一个真正的朋友，就多一块陶冶情操的砺石，多一分战胜困难的力量，多一个锐意进取的伴侣。

——培根

友谊是培养人的感情的学校。

——苏霍姆林斯基

友谊的一大奇特作用是：如果你把快乐告诉一个朋友，你将得到两个快乐；而如果你把忧愁向一个朋友倾吐，你将被分掉一半忧愁。

——培根

3. 朋友是人的一面镜子

与善人居，如入芝兰之室，久而不闻其香，即与之化矣；与不善人居，如入鲍鱼之肆，久而不闻其臭，亦与之化矣。丹之所藏者赤，漆之所藏者黑，是以君子必慎其所处者焉。

——孔子

一个人的好坏，朋友熏染的力量要居大半。既看重一个人，把他当作真心朋友，他就变成一种受崇拜的英雄，他的一言一笑，一举一动都在有意无意之间变成自己的模范，他的性格就逐渐有几分变成自己的性格。

——朱光潜

你可以通过一个人的朋友，也可以通过一个人的敌人来判断他的为人。

——约瑟夫·康拉德

告诉我谁是你的朋友，我就知道你是怎样的一种人。

——西方谚语

4. 朋友要真诚和互助

君子之道，或出或处，或默或语。二人同心，其利断金。同心之言，其臭如兰。

——孔子

往往使我对那个愉快的、默默无闻的时期感到留恋，那时自称是我的朋友的人们，都是爱我这个人而跟我交朋友，他们对我的友情纯粹出于真诚，而不是出于和一个名人来往的虚荣心，也不是居心寻求更多的机会来损害他。

——卢梭

真正的朋友不把友谊挂在嘴上，他们并不是为了友谊而相互要求一点什么，而是彼此为对方做一切办得到的事。

——别林斯基

我和我所交的人之间的唯一的联系是：互相友爱、兴趣一致和性情相投；我将以成年人而不以有钱人的身份同他们交往；我不容许在我和他们交往的乐趣中掺杂有利害关系的毒素。

——卢梭

朋友间有误会应当坦率地交换看法，不可背地诽谤；有过失应当面规劝之，在背后则应赞扬他的优点。

——贝原益轩

5. 友情宜淡不宜浓

君子之交淡若水，小人之交甘若醴；君子淡以亲，小人甘以绝。

——庄子

见善，修然必以自存也；见不善，愀然必以自省也。善在身，介然必以自好也。不善在身，菑然必以自恶也。故非我而当者，吾师也；是我而当者，吾友也；谄谀我者，吾贼也。

—— 荀子

士之相知，温不增华，寒不改叶，能四时而不衰，历险夷而益固。

—— 诸葛亮

四十二、淡定

1. 人生如茶,淡是真味

古之真人,其寝不梦,其觉不忧,其食不甘,其息深深。

——庄子

平易恬淡,则忧患不能入,邪气不能侵,故其德全而神不亏。

——庄子

蜗牛角上争何事,石火光中寄此身。随富随贫且欢乐,不开口笑是痴人。

——白居易

风恬浪静中,见人生之真境;味淡声希处,识心体之本然。

——洪应明

涵容是待人第一法,恬淡是养心第一法。

——弘一大师

凡人我之际,须看得平;功名之际,须看得淡。

——蔡锷

　　人生聚散无常,起落不定,但是走过去了,一切便已从容。无论是悲伤还是喜乐,翻阅过的光阴都不可能重来。曾经执着的事如今或许早已不值一提,曾经深爱的人或许已经成了陌路。这些看似浅显的道理,非要亲历过才能深悟。

——林徽因

重剑无锋，大巧不工。

——金庸

得之我幸，不得我命。

——流沙河

人生最好的境界是丰富和安静。安静，是因为摆脱了外界虚名浮利的诱惑，丰富是因为拥有了内在精神世界的宝藏。

——周国平

最低的境界是平凡，其次是超凡脱俗，最高是返璞归真的平凡。

——周国平

2. 顺其自然，随遇而安

抱朴无为，不以物累其真，不以欲害其神。

——老子

四时阴阳者，万物之根本也。所以圣人春夏养阳，秋冬养阴，以从其根。故与万物沉浮于生长之门。

——《黄帝内经》

大喜、大怒、大忧、大恐、大哀，五者接神则生害。

——吕不韦

自然之道，无为而无不为。动静皆得其性，静之至也。静故能立天地，生万物，自然而然也。

——张君房

神大劳则竭，形大劳则毙。

——陶弘景

你如果问我，人们应该如何生活才好呢？我说，就顺着自然所给的本性生活着，像草木鱼虫一样。你如果问我，人们生活在这变幻无常的世相中究竟为着什么？我说，生活就是为着生活，别无其他目的，你如果向我埋怨天公说，人生是多么苦恼啊！我说，人们并非生在这个世界来享福的，所以就并不算奇怪。

——朱光潜

3. 宠辱不惊，去留无意

至人无己，神人无功，圣人无名。

——庄子

举世而誉之而不加劝，举世而非之而不加沮，定乎内外之分，辩乎荣辱之境，斯已也。

——庄子

不戚戚于贫贱，不汲汲于富贵。

——陶渊明

以恬澹为至味，则酒色不足以钦也。

——嵇康

宠辱不惊，闲看庭前花开花落；去留无意，漫随天外云卷云舒。

——洪应明

青山相待，白云相爱，梦不到紫罗袍共黄金带。一茅斋，野花开，管甚谁家兴废谁成败，陋巷箪瓢亦乐哉。贫，气不改；达，志不改。

——宋方壶

感人生之短暂，万事云烟散矣。知宇宙之浩渺，一己得失忘之。

——流沙河《退休赋》

睡至二三更时，凡功名都成幻境；想到一百年后，无少长俱是古人。

——黄粱梦亭联

淡泊名利并不是拒绝名利，而是要以平常心对待名利。

——季羡林

农人的特征在于有个纯朴的心，因为有一颗纯朴的心，才能日出而作，日入而息，凿井而饮，耕田而食，含哺而熙，鼓腹而游，而不奢求，不贪欲，过着无所不欲，劳力而不劳心的安详生活。

——陈冠学

四十三、人格

1. 人格是在实际生活中锻炼出来的

夫君子之行,静以修身,俭以养德。非淡泊无以明志,非宁静无以致远。夫学须静也,才须学也。非学无以广才,非志无以成学。

——诸葛亮

千锤万凿出深山,烈火焚烧若等闲。粉骨碎身全不怕,要留清白在人间。

——于谦

人格绝不是依靠所听到的和所说出的言语,而是靠劳动和行动来形成的。

——爱因斯坦

完美的人格,高尚的品德,是从实际生活中锻炼出来的。

——叔本华

伟大的人格,形成了崇高的举止:不为自己活,也不为自己死。

——罗曼·罗兰

2. 人格是一切价值的基础

君子黄中通里,正位居体,美在其中,而畅于四支,发于事业,美之至也。

——《周易》

在人生丰富多彩的表演中,我觉得真正宝贵的,不是政治上的国家,而是有创造性的、有感情的人，是人格。

——爱因斯坦

我们生命快乐的最重要的基本因素是我们的人格，如果没有其他原因的话，人格是在任何环境中活动的一个不变因素。

——叔本华

真正的领导能力来自让人钦佩的人格。

——拿破仑·希尔

在艺术和诗里，人格确实就是一切。

——歌德

善行为就是一切以人格为目的的行为。人格是一切价值的根本，宇宙间只有人格具有绝对的价值。

——西田几多郎

3. 追求理想的人格

君子道者三，我无能焉：仁者不忧，知者不惑，勇者不惧。

——孔子

子张问仁于孔子，孔子曰："能行五者，于天下为仁矣。"请问之，曰："恭、宽、信、敏、惠。恭则不侮，宽则得众，信则人任焉，敏则有功，惠则足以使人。"

——《论语·阳货》

夫仁者，己欲立而立人，己欲达而达人，能近取譬，可谓仁之方也已。

——孔子

志士仁人，无求生以害仁，有杀身以成仁。

——孔子

君子所以异于人者，以其存心也。君子以仁存心，以礼存心。仁者爱人，有礼者敬人。爱人者，人恒爱之；敬人者，人恒敬之。

——孟子

　　居天下之广居，立天下之正位，行天下之大道。得志与民由之，不得志独行其道。富贵不能淫，贫贱不能移，威武不能屈，此之谓大丈夫。

——孟子

　　士不可不弘毅，任重而道远。仁以为己任，不亦重乎？死而后已，不亦远乎？

——曾子

　　权利不能倾也，群众不能移也，天下不能荡也。生乎由是，死乎由是，夫是之谓德操。

——荀子

　　为天地立心，为生民立命，为往圣继绝学，为万世开太平。

——张载

　　不以物喜，不以己悲。居庙堂之高则忧其民；处江湖之远则忧其君。是进亦忧，退亦忧。然则何时而乐耶？其必曰"先天下之忧而忧，后天下之乐而乐"乎！

——范仲淹

　　君子有主善之心，而无胜人之色；德足以君天下，而无骄肆之容；行足以及后世，而不以一言非人之不善。

——韩婴

　　君子喻于义，小人喻于利。君子之为利，利人；小人之为利，利己。

——方孝儒

以仁存心，以礼存心，有终身之忧，无一朝之贵。

——曾国藩

孔子及其弟子有关于"成人"的讨论，所谓成人即是完备的人格。智勇兼备、多才多艺，而又恬静寡欲，谓之成人。能见利思义、见危授命，并言行一致，也可以称为成人。在孔子心目中，崇高的人格称为仁人。还有比仁人更崇高的人格，称为圣人。

——张岱年

发上等愿，结中等缘，享下等福；择高处立，就平处坐，向宽处行。

——姚元之

第四篇 处世

四十四、交往

1. 交往乃社会生活之必需

人生在世,归纳而言,就是与两种人相处,一是自己,一是他人。自处处人,就像在画圆,以自觉、自度为圆心,以慈悲、利他为半径,所画出来的一个人生时空的圆。

——星云大师

当孩子不麻烦你时,可能已经长大成人远离你了;当父母不麻烦你时,可能已经不在人世了;当爱人不麻烦你时,可能已经去麻烦别人了;当朋友不麻烦你时,可能有隔阂了。人其实就生活在是非、麻烦之中,在麻烦之中解决事情,在事情之中化解麻烦,在麻烦与被麻烦中加深感情,体现价值,这就是生活。

——鲁国平

社会——不管其形式如何——究竟是什么呢?是人们交互作用的产物。

——马克思

人类在相互交往中寻求安慰、价值和保护。

——培根

精神生活与肉体生活一样,有呼也有吸:灵魂要吸收一颗灵魂的感情来充实自己,然后以更丰富的感情送回给人家。人与人之间要没有这点美妙的关系,心就没有了生机。

——巴尔扎克

知识使人变得文雅,而交际能使人变得完善。

——托·富勒

你有一个苹果，我有一个苹果，彼此交换一下，我们仍然是各有一个苹果；但你有一种思想，我有一种思想，彼此交换，我们就都有了两种思想，甚至更多。

——萧伯纳

2. 交往以友善为前提

同声相应，同气相求。水流湿，火就燥，云从龙，风从虎，圣人作而万物睹，本乎天者亲上，本乎地者亲下，则各从其类也。

——《周易·乾卦》

德不孤，必有邻。

——孔子

邻，犹亲也。德不孤立，必以类应。故有德者，必有其类从之，如居之有邻也。

——朱子

与人沟通的诀窍就是：谈论他人最为愉悦的事情、最感兴趣的话题。并且让他人感到自己重要。

——戴尔·卡耐基

坦率待人，别人就会坦率待你。

——爱默生

以正义待人，等于以仁慈待己。

——孟德斯鸠

不要严酷得使人憎恶，也不要温和得使人胆大妄为。

——萨迪

3. 以心相交方久远

结交在相知,骨肉何必亲。

——《箜篌谣》

以利相交,利尽则散;以势相交,势败则倾;以权相交,权失则弃;以情相交,情断则伤;唯以心相交,方能成其久远。

——王通

与人交往既不虚伪,又不疏忽,既不欺骗人,也不刺激人。

——卢梭

四十五、公正

1. 人人生而平等

　　皇上就跟我一样,也是一个人罢了。一朵紫罗兰花儿他闻起来,跟我闻起来还不是一样;他头上和我头上合顶着一方天;他也还不过用眼睛来看、耳朵来听啊。把一切荣衔丢开了,还他一个本相,那么他只是一个人罢了;虽说他的心思寄托在比我们高出一层的事物上,可是好比一头在云霄里飞翔的老鹰,他有时也不免降落下来,栖息在枝头和地面上。

——莎士比亚

　　人人生而平等。他们同样地有权在大地上生活自立,同样地有权享受自然所赋予的自由和他的一份世间福利,人人都应当从事有益的劳动,以便取得生活的中必需和有益的物品。但是,人们是生活在社会中的,由于社会(或共同体)不可能是结构良好的,即是结构良好,如果没有某种依附和从属,也不能维持良好的秩序。因此,为了人类社会的福利,人们相互之间无疑地必须有一些人对另一些人的某种依附和从属。可是,一些人对另一些人的这种依附和从属同时又必须是公正的、适当的,就是不使一切福利和享受集中在一些人身上,而使一切苦难、忧愁、不安和生活的不快集中在另一些人身上。这样的依附和从属是不公正的、可恨的,与大自然本身所提供的权利水火不相容。

——让·梅叶

　　明智的胡克认为人类基于自然的平等是既明显又不容置疑的,因而把它作为互爱义务的基础,并在这个基础之上建立人们相互之间应有的种种义务,从而引申出正义和仁爱的重要准则。

——洛克

　　我们认为下面这些真理是不言而喻的:人生而平等,造物主赋予他们若干不可转让的权利,其中包括生命权、自由权和追求幸福的权力。

——《独立宣言》

2. 公平正义比太阳还要光辉

铁肩担道义,妙手著文章。

——李大钊

公者无私之谓也,平者无偏之谓也。

——何启

哪里有正义,哪里就有圣地。

——培根

为了美好的生活,必须让每一个人都成为生活上的平等的、完全的主人。

——高尔基

同一的太阳照着他的宫殿,也不曾避过我们的草屋:日光是一视同仁的。

——莎士比亚

即使全世界都毁灭了,正义是不能没有的。

——罗曼·罗兰

让我们记住,公正的原则必须贯彻到社会的最底层。

——西塞罗

3. 为人至境在于践行道义

三军可夺帅也,匹夫不可夺志也。

——孔子

所贵于勇敢者,贵其敢行礼义也。

——《礼记 聘义》

志士不饮盗泉之水，廉者不受嗟来之食。

——东汉乐羊子之妻

天地有正气，杂然赋流形。下则为河岳，上则为日星。于人曰浩然，沛乎塞苍冥。

——文天祥

正直者顺道而行，顺理而言，公平无私，不为安肆志，不为危易行。

——韩婴

君子熟于公正，小人熟于私邪。源清则流清，心正则事正。

——薛瑄

我理直气壮地来了，来干正大光明的事业。

——莎士比亚

一个问心无愧的人，犹如穿着护胸甲，是绝对安全的，他理直气壮，好比是披着三重盔甲；那种理不直、气不壮、丧失天良的人，即使穿上钢盔铁甲，也如同赤身裸体一般。

——莎士比亚

4. 理国要道在于公正平等

理国要道，在于公平正直，故《尚书》云："无偏无党，王道荡荡。无党无偏，王道平平。"又孔子称"举直错诸枉，则民服"。今圣虑所尚，诚足以极政教之源，尽至公之要，囊括区宇，化成天下。

——房玄龄

所谓"公正"，它的真实意义，主要在于"平等"。如果要说"平等的公正"，这就得以城邦整个利益以及全体公民的共同善业为依据。平民政治唯一的基本原则就是以个人的价值为根据，让所有人幸福生活的平等原则。

——亚里士多德

政府坚实的基础是公正，不是怜悯。

——威尔逊

正义是政府的目的。正义是人类文明社会的目的。无论过去或将来始终都要追求正义，直到获得它为止，或者直到在追求中丧失了自由为止。

——汉弥尔顿

对人民的至高的正义为什么不应该抱有坚定的信心呢？天下还有更好的或同样的希望吗？

——林肯

一次不公正的裁判，其恶果甚至超过十次犯罪。因为犯罪虽是无视法律——好比污染了水流，而不公正的审判则毁坏法律——好比污染了水源。

——培根

真正的人道精神首先意味着要公正，而所谓公正，就是尊重与严格要求相结合。

——苏霍姆林斯基

一般地说，公正对于每一个人都是一样的，因为它是相互交往中的一种互相利益。但是地点的不同及种种其他情形的不同，却使公正有所变迁。

——伊壁鸠鲁

四十六、规矩

1. 万物莫不有规矩

伐柯伐柯,其则不远。

——《诗经·豳风·伐柯》

规所以正圆,矩所以正方。

——孔颖达疏《礼记·经解》

离娄之明,公输子之巧,不以规矩,不能成方圆。

——孟子

为方以矩,为圆以规,直以绳,正以悬。

——墨子

师出以律,否臧凶。

——《周易·师卦》

设绳墨而取曲直,立规矩以为方圆。

——李时珍

世界上的一切都必须按照一定的规矩秩序各就各位。

——莱蒙特

2. 社会生活离不开规矩

言有物而行有格也，是以生则不可夺志，死则不可夺名。

——《礼记·缁衣》

人无礼则不生，事无礼则不成，国无礼则不宁。

——荀子

公平者，职之衡也，中和者，听之绳也。

——荀子

人道经纬万端，规矩无所不贯，诱进以仁义，束缚以刑罚，故德厚者位尊，禄重者宠荣，所以总一海内而整齐万民也。

——司马迁

制无度量则事不成。君子之于天下也，无适也，无莫也，义之与比。

——孔子

立法令者以废私也，法令行而私道废。

——韩非子

仲景诸方，实万世医门之规矩准绳也，后之欲为方圆平直者，必于是取则焉。

——朱震亨

治国，须有一部大法。

——毛泽东

要有必要的清规戒律。

——毛泽东

人是社会的动物，而同时又秉有反社会的天性。想调剂社会的需要与利己的欲望，人与人中间的关系不能不有法律道德为之维护。因有法律存在，我不能以利己欲望妨害他人，他人也不能以利己欲望妨害我，于是彼此乃宴然相安。因为有道德存在，我尽心竭力以使他人享受幸福，他人也尽心竭力以使我享受幸福，于是彼此乃欢然同乐，社会中种种成文的礼法和默认的信条都是根据这个基本原理。

——朱光潜

　　自然创造我们的时候，我们个个都是流浪汉，是这俗世把我们弄成个讲究体面的规矩人。

——梁遇春

　　一个人做事的方式可以不同，但是秉持的原则不能改变。如果你现在是这个原则，下次是那个原则，别人根本没法跟你配合。

——曾仕强

　　纪律是达到一定雄图的阶梯。

——莎士比亚

　　秩序是自由的第一个条件。

——黑格尔

　　节制是一种秩序，一种对于快乐与欲望的控制。

——柏拉图

　　任何一个新的社会制度都要求人与人之间有新的关系，新的纪律。

——列宁

3. 规矩重在遵守

　　求必欲得，禁必欲止，令必欲行。

——管子

规矩，方圆之至也；圣人，人伦之至也。欲为君，尽君道；欲为臣，尽臣道。

——孟子

圣王者不贵义而贵法，法必明，令必行，则已矣。

——韩非子

言无二贵，法无两适。

——韩非子

天下之事，不难于立法，而难于法之必行；不难于听言，而难于言之必效。

——张居正

身为党员，铁的纪律就非执行不可，孙行者头上套的箍是金的，共产党的纪律是铁的，比孙行者的金箍还厉害，还硬。

——毛泽东

四十七、利弊

1. 人生有价值是因为有悲剧

人皆养子望聪明，我被聪明误一生。唯愿吾儿愚且鲁，无灾无难到公卿。

——苏东坡《洗儿诗》

我们所居的世界是最完美的，就因为它是最不完美的。这话表面看去，不通已极。但是实含有至理。假如世界是完美的，人所过的生活——比好一点，是神仙的生活，比坏一点，就是猪的生活——便呆板单调已极，因为倘若件件事都尽善尽美了，自然没有希望发生，更没有努力奋斗的必要。人生最可乐的就是活动所生的感觉，就是奋斗成功而得的快慰。世界既完美，我们如何能尝到创造成功的快慰？这个世界之所以美满，就在有缺陷，就在有希望的机会，有想象的田地。换句话说，世界有缺陷，所以可能性才大。

——朱光潜

太阳在这边收尽苍凉，又在那边布散朝晖。

——梁鸿鹰

2. 生命中的暗礁激起美丽的浪花

人的生命似洪水在奔流，不遇着岛屿、暗礁，难以激起美丽的浪花。

——奥斯特诺夫斯基

经过磨难的好事，会显得分外甘甜。

——莎士比亚

生活的有趣处还在于，你昨日的最大痛楚，极可能会造就你明日的最大力量。

——弗吉尼亚·伍尔芙

人们最出色的工作往往在处于逆境的情况下做出。思想上的压力，甚至肉体上的痛苦都可能成为精神上的兴奋剂。

——贝弗里奇

如果我不是这么无能，我就不可能完成所有这些我辛勤努力完成的工作。

——达尔文

一个真正的敌人能灌注你无限的勇气。

——卡夫卡

3. 人生没有捷径

生活坏到一定程度就会好起来，因为它无法再坏。努力过后，才知道许多事情，坚持坚持，就过来了。

——宫崎骏

人生如同道路，最近的捷径往往是最坏的路。

——培根

我广播的早期生涯给我上了宝贵的一课，我得到的教训也恰巧是童子军训练营的格言：时刻准备好。我的座右铭是：没有通向完美的捷径。

——沃尔特·克朗凯特

他不懂得在人生的旅途上，非得越过一大片干旱贫瘠、地形险恶的荒野，才能跨入活生生的现实世界。所谓"青春多幸福"的说法，不过是一种幻觉，是青春已逝的人们的一种幻觉。

——毛姆

四十八、权衡

1. 明白取舍

权，然后知轻重；度，然后知长短。

—— 孟子

经只是一个大纲，权是那精微曲折处。盖精微曲折处，固非经之所能尽也。所谓权者，于精微曲折处曲尽其宜，以济经之所不及耳。

—— 朱子

论事须着用权。古今多错用权字，才说权，便是变诈或权术。不知权只是经所不及者，权量轻重，使之合义，才合义，便是经也。

—— 程颐

渔者走渊，木者走山。

——《太平御览》

欲致鱼者先通谷，欲来鸟者先树木。

—— 刘安

衡之于左右，无私轻重，故可以平；绳之于内外，无私曲直，故可以为正。

—— 刘安

瞧事情干得成功才去冒险；绝对办不到的事，就不去冒险。

—— 塞万提斯

人不可学蜜蜂,"为了那愤怒的一蜇而断送自己的生命"。

—— 培根

2. 趋利避害

利之中取大,害之中取小。

—— 墨子

两害相形,则取其轻;两利相形,则取其重。

—— 魏源

见其可欲也,则必前后虑其可恶也者;见其可利也,则必前后虑其可害也者;而兼权之,熟计之,然后定其欲恶取舍,如是,则常不失矣。

—— 荀子

智者见利而思难,暗者见利而忘患。思难而难不至,忘患而患反生。

—— 刘昼

欲思其利,必虑其害;欲思其成,必虑其败。

—— 诸葛亮

3. 先公后私

生,亦我所欲也;义,亦我所欲也,二者不可得兼,舍生而取义者也。

—— 孟子

先义而后利者荣,先利而后义者辱。荣者常通,辱者常穷。

—— 荀子

天无私,四时行;地无私,万物生;人无私,人享贞。

—— 马融

官无大小，凡事只是一个公。若公时，做得来也精彩。便若小官，人也望风畏服。若不公，便是宰相，做来做去，也只得个没下梢。

——朱子

利在一身，勿谋也；利在天下者，谋之。利在一时，勿谋也；利在万世者，谋之。

——金缨

聪明用于正路，愈聪明愈好，而文学功名，益成其美；聪明用于邪路，愈聪明愈谬，而文学功名，适济其奸。

——金缨

四十九、策略

1. 一切以条件为转移

事之难易，不在大小，务在知时。

——吕不韦

同一件事情，要有不同的处理方法，这个才叫因人、因地、因时而制宜。

——曾仕强

为人处事，要随机应变，趁势而为。

——曾仕强

权宜变通是成功的秘诀，一成不变是失败的伙伴。

——池田大作

2. 说话办事以合适的方式呈现

理直而出之以婉，善言也，善道也。

——吕坤

任难任之事，要有力而无气；处难处之人，要有知而无言。

——吕坤

善扑火者不近其烟，善防水者不当其急。

——刘基

3. 要学会忍耐

忍得一时之气，免得百日之忧；能忍，不一定是懦弱。

——《增广贤文》

商场上的任何风吹草动都要特别小心。作为商人,也要有隐藏自己的真实意图的意识。

——曾仕强

要跳得更远,必须先退后一步。

——蒙田

五十、变通

1. 万物皆流,无事不变

穷则变,变则通,通则久。

——《周易·系辞下》

天地之间,流行不息,皆其生焉者。故曰:"天地之大德曰生。"

——《周易外传》

天地之化,自然生生不穷。

——程颢程颐

天下亦变矣,所以变者亦常矣。相生相息而皆其常,相延相代而无有非变。

——王夫之

治世不一道,便国不法古。

——商鞅

事不凝滞,理贵变通。法若有弊,不可不变。

——赵普

变古愈尽,便民愈甚。

——魏源

一代之治,各因其时。

——王夫之

法者，天下之公器也；变者，天下之公理也。

——梁启超

变法则民富。

——谭嗣同

人事有代谢，往来成古今。

——孟浩然

存活下来的物种，不是那些最强壮的种群，也不是那些智力最高的种群，而是那些对变化做出最积极反应的种群。

——达尔文

2. 因地制宜，随时举事

左之左之，君子宜之；右之右之，君子有之。

——《诗经·小雅》

物其有矣，维其时矣。

——《诗经·小雅》

虑善以动，动惟厥时。

——《尚书·说命》

凡动容周旋，应事接物，读书考古，或动或静，莫不在时。此理塞宇宙，所谓道外无事，事外无道。

——陆九渊

治国无法则乱，守法而弗变则悖，悖乱不可以持国。世易时移，变法宜也。

——吕不韦

世异则事变，时移则俗易。故圣人论世之法，随时而举事。

—— 刘安

亟变而不变，时至则为，过则去。

—— 管子

治国之有法，犹治病之有方也，病变则方亦变。

—— 康有为

适应力是每个人在面对生命的起伏不定与阴晴圆缺时，仍然能够活得精彩的能力。有人能从磨炼中吸取智慧，有人则在类似的经验中受伤屈服，成功的领导人和普通人的差别就在于此。

—— 华伦·班尼斯南

3. 因人而异，四海通达

酌古之要，通今之宜，既弊而思变。

—— 杜佑

圣人语性与天道之极，尽于参伍之神，变易而已。

—— 张载

为人循规矩，而不见精神，则登场之傀儡也；做事守章程，而不知权变，则依样之葫芦也。

—— 王永彬

明智的人使自己适应世界，而不明智的人只会坚持要世界适应自己。

—— 萧伯纳

五十一、中和

1. 中和是万物的艺术美境

知得过、不及处，就是中和。

—— 王阳明

易道深矣！一言以蔽之曰：时中。

—— 惠栋

喜怒哀乐之未发，谓之中；发而皆中节，谓之和。中也者，天下之大本也；和也者，天下之达道也。致中和，天地位焉，万物育焉。

—— 孔子

中庸之为德也，其至矣乎！民鲜久矣！

—— 孔子

不偏之谓中，不易之为庸。中者，天下之正道；庸者，天下之定理。

—— 朱子

天地之气，莫大于和。和者，阴阳调，日夜分，而生物。春分而生，秋分而成，生之与成，必得和之精。故圣人之道，宽而栗，严而温，柔而直，猛而仁。太刚则折，太柔则卷，圣人正在刚柔之间，乃得道之本。积阴则沉，积阳则飞，阴阳相结，乃能成和。

—— 刘安

夫和实生物，同则不继。以他平他谓之和，故能丰长而物归之，若以同裨同，尽乃弃矣。

—— 左丘明

立政鼓众，动化天下，莫尚于中和。

——扬雄

不同底元素，合在一起，可以另成一物。但合成此物之不同的元素，必须各恰如其分量，不可太多，亦不可少。若太多或太少，则即不能成为此物。不太多，不太少，即是无过不及。无过不及即是中。所以说和必须兼说中。

——冯友兰

2. 适度是人生的哲学妙悟

人心惟危，道心惟微；惟精惟一，允执厥中。

——《尚书·大禹谟》

圣人方而不割，廉而不刿，直而不肆，光而不耀。

——老子

执其两端，用其中于民，其斯以为舜乎！

——子思

君子尊德性而道问学，致广大而尽精微，极高明而道中庸。

——子思

先王之道，仁之隆也，比中而行之。曷谓"中"？曰：礼义是也。事行失中谓之奸事，知说失中谓之奸道。奸事奸道，治世之所弃而乱世之所从服也。

——荀子

语曰："审乎明王，执中履衡。"言秉中适而据乎宜。

——贾谊

宠辱不惊，肝木自宁；动静以敬，心火自定；饮食有节，脾土不泄；调息寡言，肺金自全；怡神寡欲，肾水自足。

——陈继儒

行事不可任心，说话不可任口；有福不可享尽，有势不可使尽。

—— 曾国藩

话到七分，酒至微醺，笔墨疏宕，言词婉约，古朴残破，含蓄蕴藉，就是不完而美之最高境界。

—— 刘墉

有些东西，并不是越浓越好，要恰到好处。深深的话我们浅浅地说，长长的路我们慢慢地走。

—— 毕淑敏

国人的性情是总喜欢调和和折中的，譬如你说，这屋子太暗，须在这里开个窗，大家一定不允许的。但如果你主张拆掉屋顶，他们就来调和，愿意开窗了。

—— 鲁迅

"水满则溢，月盈则亏"，这个世界从来只有更美，而没有最美。而最靠近完美的一刻，就是最容易走向相反的时刻。

—— 托尔斯泰

3. 失度是生活的悲剧泉源

物禁太盛，极则必反。

——《周易》

过犹不及。

—— 孔子

君子中庸，小人反中庸。君子之中庸也，君子而时中；小人之反中庸也，小人而无忌惮也。

—— 子思

日中则昃，月满则亏。斗斛满则人概之，人满则天概之。

——管子

铢铢而称之，至石必缪；寸寸而度之，至丈必差。石称丈量，径而寡失，此可为论人之法。

——陆九渊

花看半开，酒饮微醉，此中大有佳趣。若至烂漫酕醄，便成恶境矣。事事留个有余不尽的意思，便造物不能忌我，鬼神不能损我。若业必求满，功必求盈者，不生内变，必召外忧。

——洪应明

成名每在穷苦日，败事多因得志时。

——陈继儒

人生有两出悲剧。一是万念俱灰，另一是踌躇满志。

——萧伯纳

五十二、曲直

1. 无直不曲，无曲不直

无平不陂，无往不复。

—— 《周易·泰卦》

大成若缺，其用不弊。大盈若冲，其用不穷。大直若屈，大巧若拙，大辩若讷。

—— 老子

曲则全，枉则直，洼则盈，敝则新，少则多，多则惑，是以圣人抱一，为天下式。不自见故明，不自是故彰，不自伐故有功，不自矜故长。夫惟不争，故天下莫能与之争。古之所谓"曲则全"者，岂虚言哉！诚全而归之。

—— 老子

先知迂直之计者胜。

—— 孙子

胆欲大，心欲小；智欲圆，行欲方。

—— 金缨

前途是光明的，道路是曲折的。

—— 毛泽东

人生是跋涉，也是旅程；是等待，也是相逢；是探险，也是寻宝；是眼泪，也是歌声。

—— 汪国真

2. 威武不屈，刚正高洁

威武不能屈。

——孟子

宁正直而败，毋诡诈而胜。

——蔡元培

君子直道而行，知必屈辱而不避也。故行不敢苟合，言不敢苟容，虽无功名于世而名足称也。

——陆贾

但立直标，终无曲影。

——刘昫

宁向直中取，不向曲中求。

——郭古安

丈夫志气直如铁，无曲心中道自真。

——寒山

君子直言直行，不宛言而取富，不屈行而取位。

——王聘珍

无义而生，不若有义而死；邪曲而得，不若正直而失。

——王定保

百年往事丹心里，千古声名直道间。

——李扑

人生在世，做人做事，都不能太刻意，这样会显得太有心机。也不能太曲意，这样会显得很烦琐。长期烦琐，人必猥琐。人一猥琐，便一无是处。做人干净利索一点，洒脱一点，直率一点，是近乎君子的。

—— 鲍鹏山

3. 随缘转境，能屈能伸

尺蠖之屈，以求信也；龙蛇之蛰，以存身也。

—— 《周易·系辞下》

一忍可以支百勇，一静可以制百动。

—— 脱脱

水，质性柔软，以高就低，遇物则转，所以能流出独特的曲线。人，何妨效水，以随缘转境的功夫，悠游于天地之间。

—— 星云大师

曲线的美在于它的曲折和流动，人生的美在于它的坎坷和艰辛，一帆风顺的人生是缺陷的人生。

—— 高尔基

五十三、急缓

1. 每临大事，当机立断

时来易失，赴机在速。

——房玄龄

急者不得，则缓者非所务也。

——韩非子

临大事者贵当机而立断，发信誓者贵力践而勿失。

——康有为

先发制人，后发制于人。

——班固

实见得是时，便要斩钉截铁，脱然爽洁。做成一件事情，不可拖泥带水，靠壁依墙。

——吕坤

2. 事缓则圆，张弛有度

张而不弛，文武弗能也；驰而不张，文武弗为也；一张一弛文武之道也。

——《礼记·杂记下》

处难处之事愈宜宽，处难处之人愈宜厚，处至急之事愈宜缓。处大事忌急躁；急躁则先自处不暇，何暇治事？

——弘一大师

缓事宜急干,敏则有功;急事宜缓办,忙则多错。

——金缨

事到手,且莫急,便要缓缓想;想得时,切莫缓,便要急急行。

——金缨

破天下之至巧者以拙,驭天下之至纷者以静。

——蔡锷

为政当有张弛。张而不弛,则过于严,驰而不张,则流于废。

——薛瑄

每临大事有静气,不信今时无古贤。

——翁同龢

我们需要的是热烈而镇定的情绪,紧张而有秩序的工作。

——毛泽东

3. 深养厚积,终成大材

打仗不慌不忙,先求稳当,次求变化;办事无声无息,既要精到,又要简捷。

——曾国藩

要缓而韧,不要急而猛。

——鲁迅

树不可长得太快。一年生当柴,三年五年当桌椅,十年百年的才有可能成栋梁。故要养深积厚,等待时机。

——毕淑敏

时间的威力在于:结束帝王们的争战;把真理带到阳光下,把虚假的谎言揭穿。

——莎士比亚

五十四、进退

1. 进是永恒的主题

源泉混混,不舍昼夜,盈科而后进,放乎四海。有本者如是,是之取尔。

——孟子

天地之道:博也,厚也,高也,明也,悠也,久也。

——子思

"生生之谓易",是天之所以为道也。天地之化,自然生生不穷。

——程颢程颐

没有哪一次巨大的历史灾难不是以历史的进步为补偿的。

——恩格斯

有勇气在自己生活中尝试解决人生新问题的人,正是那些会臻于伟大的人!那些仅仅循规蹈矩过活的人,并不在使社会进步,只是在使社会得以维持下去。

——泰戈尔

进步不是什么事件,而是一种需要。

——斯宾塞

2. 以退求进是一种智慧

缓字可以免悔，退字可以免祸。

—— 弘一大师

寓清于浊，以屈为伸。

—— 陈继儒

临渊羡鱼，不如退而结网。

—— 董仲舒

屈寸而伸尺，小枉而大直，圣人为之。

——《淮南子》

人情反复，世路崎岖。行不去，须知退一步之法；行得去，务加让三分之功。

—— 洪应明

处世让一步为高，退步即进步的张本。

—— 洪应明

退一步，进两步。

—— 列宁

退却不是逃跑：当危险超过希望时还继续坚持，是愚蠢的举动。富于智慧的人为了明天而在今天把自己保存下来，他们不会在一天内把自己所有的一切拿去冒险。

—— 塞万提斯

3. 进退各宜，圣人之道

亢之为言也，知进而不知退，知存而不知亡，知得而不知丧。其唯圣人乎？知进退存亡，而不失其正者，其为圣人乎？

——《周易·乾卦·文言》

往者屈也，来者信（伸）也，屈信相感而利生焉。

——《周易·系辞下》

能则进，否则退，量力而行。

——左丘明

事当难处之时，只让退一步，便容易处矣；功到将成之侯，若放松一着，便不能成矣。

——王永彬

五十五、刚柔

1. 舌存齿亡,柔能克刚

　　天下之至柔,驰骋天下之至坚,无有入无间,吾是以知无为之有益。不言之教,无为之益,天下希及之。天下莫柔弱于水,而攻坚强者莫之能胜,以其无以易之。弱之胜强,柔之胜刚,天下莫不知,莫能行。

——老子

　　善为士者,不武;善战者,不怒;善胜敌者,不与;善用人者,为下。是谓不争之德,是谓用人之力,是谓配天古之极。

——老子

　　太强必折,太张必缺。

——姜子牙

　　真正的制胜之道,不在于屈人之兵,而在于化敌为友。

——星云大师

　　有时候在别人面前恰当表现出自己的弱点是很有必要的。如果你总是表现得样样都行,别人怎么跟你相处呢?

——曾仕强

2. 刚柔相济,万事以和

　　宽以济猛,猛以济宽,宽猛相济,政是以和。

——孔子

君子宽而不（僈），廉而不刿，辩而不争，察而不激，寡立而不胜，坚强而不暴，柔从而不流，恭敬谨慎而容。夫是之谓至文。

—— 荀子

宽而疾恶，严而原情——政之善者也。

—— 司马光

处难处之事愈宜宽，处难处之人愈宜厚，处至急之事愈宜缓，处大之事愈宜平，处疑难之际愈宜无意。

—— 金缨

让人非示弱，得志不离群。

—— 孙中山

冒险精神和谋定而后动的功夫，两者要结合在一起才行。一个人只会冒险，不懂得谋定而后动，一两下就报销了，那是莽撞，是匹夫之勇。

—— 曾仕强

3. 该柔该刚，效果考量

君子崇人之德，扬人之美，非谄谀也；正议直指，单人之过，非毁疵也；言己之光美，拟于舜、禹，参于天地，非夸诞也；与时屈伸，柔从若蒲苇，非慑怯也；刚强盘毅，靡所不信，非骄暴也。以义变应，知当曲之故也。

—— 荀子

一个人态度该硬该软，硬到什么程度，还得见机行事。如果软到没有骨头，人家当然看不起；但也没有必要非硬到玉石俱焚的地步。总之要以整个效果来考量。

—— 曾仕强

五十六、远近

1. 人生如下棋，深谋远虑者胜

人无远虑，必有近忧。

——孔子

无欲速，无见小利。欲速，则不达；见小利，则大事不成。

——孔子

欲将夺之，固必予之。

——老子

一年之计，莫如种谷；十年之计，莫如树木；终身之计，莫如树人。一树一获者，谷也；一树十获者，木也；一树百获者，人也。我苟种之，如神用之，举事如神，惟王之门。

——管子

营大者，不计小名；图远者，弗拘近利。

——李延寿

恭俭谨约，所以自守；深计远虑，所以不穷。

——黄石公

求木之长者，必固其根本；欲流之远者，必浚其泉源。

——魏征

养其根而俟其实，加其膏而希其光，根其茂者其实遂，膏其沃者其光晔。

——韩愈

竭泽而渔，岂不获得？而明年无鱼；焚薮而田，岂不获得？而明年无兽。

—— 吕不韦

论事不可趋一时之轻重，当思其久而远者。

—— 陈宏谋

人生一世，总有些片段当时看着无关紧要，而事实上却牵动了大局。

—— 萨克雷

2. 熟悉的地方没有风景

子游曰："事君数，斯辱矣；朋友数，斯疏矣。"

——《论语·里仁》

相处过分亲密易损自己在对方心目中的形象。

—— 乔叟

3. 亲贤臣，远小人

凡奸者，行久而成积，积成而力多，力多而能杀，故明主蚤绝之。

—— 韩非子

火形严，故人鲜灼；水形懦，人多溺。

—— 韩非子

先圣有谚曰："不蹪于山，而蹪于垤"，山者大，故人顺之，垤微小，故人易之。

—— 韩非子

亲贤臣，远小人，此先汉所以兴隆也；亲小人，远贤臣，此后汉所以倾颓也。

—— 诸葛亮

五十七、慎言

1. 美妙的语言是思想的光辉

情欲信,言欲巧。

——子思

侍于君子有三愆:言未及之而言谓之躁,言及之而不言谓之隐,未见颜色而言谓之瞽。

——孔子

语言是人类最重要的交际工具。

——列宁

一个温存的目光,一句由衷的话语,能使人忍受生活给他的许多磨难。

——高尔基

2. 管住自己的舌头是人的第一美德

吉人之词寡,躁人之词多。

——《周易·系辞下》

君子欲讷于言而敏于行。

——孔子

口者关也,舌者机也,出言不当,四马不能追也。口者关也,舌者兵也,出言不当,反自伤也。

——刘向

人知言语足以彰吾德，而不知慎言语乃所以养吾德；人知饮食足以益吾身，而不知节饮食乃所以养吾身。

——金缨

　　过头的饭可以吃，过头的话不可说。聪明人想过才开口，愚蠢人说后才回想。

——星云大师

　　"言有尽而意无穷。"美术作品之所以美，不是只美在已表现的一部分，尤其是美在未表现而含蓄无穷的一大部分，这就是本文所谓无言之美。

——朱光潜

　　我们花了两年学会说话，却要花上六十年来学会闭嘴。

——海明威

　　明智的人因为有话要说才说话，愚蠢的人则为了必须说话而说话。

——柏拉图

　　凡事需多听但少言：聆听他人之意见，但保留自己之判断。

——莎士比亚

　　侃侃而谈的人播种，缄默不语的人收获。

——赫伯特

3. 绳是长的好，话是短的好

　　多言数穷，不如守中。

——老子

　　多闻阙疑，慎言其余，则寡尤；多见阙殆，慎行其余，则寡悔。言寡尤，行寡悔，禄在其中也。

——孔子

说真话的最大好处就是你不必记得你都说些什么。

——于丹

绳是长的好,话是短的好。

——列夫·托尔斯泰

唯有聪明人才善于把许多意思压缩在一句话里。

——阿里斯托芬

4. 言行如一,恪守信用

君子以言有物,而行有恒。

——《周易·象辞》

子贡问君子。子曰:"先行其言而后从之。"

——《论语·为政》

君子耻其言而过其行。

——孔子

言不顾行,行不顾言。阉然媚于世也者,是乡愿也。

——孟子

君子约言,小人先言。

——子思

可言也,不可行,君子弗言也。

——子思

言从而行之,则言不可饰也;行从而言之,则行不可饰也。故君子寡言而行,以成其信,则民不得大其美而小其恶。

——子思

庸言必信之,庸行必慎之。

——荀子

君子以行言,小人以舌言。

——颜回

海岳尚可倾,口诺终不移。

——李白

不信之言,不诚之令,君子弗为也。

——魏徵

君子之修身也,内正其心,外正其容而已。

——欧阳修

五十八、低调

1. 低调是宠辱不惊的胸襟

　　江海之所以能为百谷王者，以其善下之，故能为百谷王。是以圣人欲上民，必以言下之；欲先民，必以身后之。是以圣人处上而民不重，处前而民不害。是以天下乐推而不厌。以其不争，故天下莫能与之争。

——老子

　　愚夫徒疾走高飞，而平地反为苦海；达士知处阴敛翼，而巉岩亦是坦途。

——洪应明

2. 低调是严以律己的修养

　　将你的学识像怀表一样，小心地放进自己的衣袋里，不要轻易拿出来炫耀，而只是让人知道你也拥有它。

——切斯特菲尔德

　　当我们还是只猫的时候，记得我们的目标是要成为猛虎；当我们成为猛虎的时候，别忘了我们曾经是只猫。心态要高，姿态要低，不要看轻别人，更不要高估自己。

——佚名

3. 低调是为人处世的智慧

　　御事而留有余，不尽之才智，则可以提防不测之事变。

——洪应明

自奉必减几分方好,处世须退一步为高。

——王永彬

伊拉斯谟说:"不一定非得始终说出真相。许多事情取决于如何披露真相。"思想精英在适当的时候会采取保持沉默的高明艺术。

——斯蒂芬·茨威格

第五篇 立业

五十九、梦想

1. 人因梦想而伟大

希望是附着于存在的,有存在,便有希望,有希望,便是光明。

——鲁迅

人类和猴子的差异点也许是猴子仅仅觉得讨厌无聊,而人类除讨厌无聊外,还有着想象力。我们都有一种脱离旧辙的欲望,我们都希望变成另一种人物,大家都有着梦想。兵卒梦想做伍长,伍长梦想做上尉,上尉要想做少校或上校。

——林语堂

一个人至少拥有一个梦想,有一个理由去坚强。心若没有栖息的地方,到哪里都是在流浪。

——三毛

人总得有希望,没有希望的心田,是寸草不生的荒地。

——惠特曼

人生活在希望之中。旧的希望实现了,或者泯灭了,新的希望的烈焰随之燃烧起来。如果一个人只是过一天算一天,什么希望也没有,他的生命实际上也就停止了。

——莫泊桑

人类因为梦想而伟大。

——爱因斯坦

梦想不受限制,无事不能成就。

——奥巴马

2. 梦想蕴藏着极大的力量

人生永远追逐着幻光，但谁把幻光看作幻光，谁便沉入了无边的苦海。

——臧克家

希望里蕴藏着极大的力量，使我们志向和幻想成为事实。

——弥尔顿

没有伟大的愿望，就没有伟大的天才。

——巴尔扎克

一个适逢其时的梦想，可以打败任何军队。

——雨果

人不应该是插在花瓶里供人观赏的静物，而是蔓延在草原上随风起舞的韵律。生命不是安排，而是追求。人生的意义也许永远没有答案，但也要尽情感受这没有答案的人生。

——弗吉尼亚·伍尔芙

我觉得人生真是有无限的可能性，只要满怀希望，持续不断地努力，人生之路一定光明。

——稻盛和夫

3. 梦想通过行动变为现实

梦想无论怎样模糊，总潜伏在我们心底，使我们的心境永远得不到宁静，直到这些梦想成为事实才止；像种子在地下一样，一定要萌芽滋长，伸出地面来，寻找阳光。所以梦想是真实的。

——林语堂

只有主动追求的东西才可能到手——一条人生法则。一个人的人生就是他思维的产物，许多成功哲学都这么强调。从我自己的人生经验出发，我把"心不唤物，物不至"

作为自己坚定的信念。就是说,只有自己内心渴望的事情,才能将它呼唤到可能实现的射程之内。首先要明白"心不想,事不成"。

——稻盛和夫

梦想一旦被付诸行动,就会变得神圣。

——阿·安·普罗克特

梦想只要能持久,就能成为现实,我们不就是生活在梦想中的吗?

——丁尼生

六十、勇气

1. 勇气是人心中的一盏灯光

每人心中都应有两盏灯光：一盏是希望的灯光；一盏是勇气的灯光。有了这两盏灯光，我们就不怕海上的黑暗和风浪的险恶了。

——罗曼·罗兰

人都是为希望活着，因为有了希望，人才有生活的勇气。

——托尔斯泰

谁明知恐惧而制服恐惧，谁看见深渊而傲然面对，谁就有决心。谁用鹰眼注视深渊，用鹰爪抠住悬崖，谁就有勇气。

——托尔斯泰

勇气是人类最重要的一种特质，倘若有了勇气，人类其他的特质自然也就具备了。

——丘吉尔

丧失财富的人损失很大；可是丧失勇气的人，便什么都完了。

——塞万提斯

真正的勇气在极端的胆怯和鲁莽之间。

——塞万提斯

2. 挑战要靠勇气来迎接

岁寒，然后知松柏之后凋也。

——孔子

天将降大任于斯人也，必先苦其心志，劳其筋骨，饿其体肤，空乏其身，行拂乱其所为，所以动心忍性，增益其所不能。

——孟子

生活是一种挑战，迎接它吧！

——特蕾莎修女

你以为挑起生活的担子是勇气，其实去过自己真正想要的生活才更需要勇气。

——萨姆·门德斯

人生要不是大胆地冒险，便是一无所获。

——海伦·凯勒

我不喜欢冒险，但不冒险又会一事无成。人类社会的每一次进步无不伴随着冒险。

——林德伯格

要记住：历史上所有伟大的成就，都是由于战胜了看来是不可能的事情而取得的。

——卓别林

危机是强者的晋身阶梯，是弱者的无底深渊。

——巴尔扎克

一切梦想都能实现，只要我们有勇气追求。

——沃尔特·迪斯尼

3. 伟人皆勇敢

苟利国家生死以，岂因祸福避趋之。

——林则徐

孩儿立志出乡关，学不成名誓不还。埋骨何须桑梓地，人生无处不青山。

—— 毛泽东

正义的路是崎岖的路，它只欢迎勇敢的人。

—— 郭沫若

即使跌倒一百次，也要一百次地站起来。

—— 张海迪

如果你想要成为胜者，那么在任何一次对打中，都要咬牙坚持到底。

—— 普京

对待生命你不妨大胆冒险一点，因为好歹你要失去它。如果这世界上真有奇迹，那只是努力的另一个名字。生命中最难的阶段不是没有人懂你，而是你不懂你自己。

—— 尼采

六十一、自信

1. 自信是成功的秘诀

凡任天下大事者，不可无自信心。

——梁启超

自信是成功的第一秘诀。

——爱默生

给我一个支点，我就能撬动地球。

——阿基米德

我们应该有恒心，尤其要有自信心！我们必须相信我们的天赋是用来做某种事情的，无论代价多大，这种事情必须做到。

——居里夫人

自信能给你勇气，使你敢于向任何困难挑战；自信也能使你急中生智，化险为夷；自信更能使你赢得别人的信任，从而帮助你成功。

——洛克菲勒

有自信心的人，可以化渺小为伟大，化平庸为神奇。

——萧伯纳

人降生到这个世界上并不是仅仅为了活着。无意义的生活使人感到空虚，体会不到人生的意义；人到世界上来是干事业的。

——武者小路实笃

2. 不要小看自己

仰天大笑出门去，我辈岂是蓬蒿人。

——李白

松柏何须羡桃李，请君点检岁寒枝。

——冯梦龙

从那天起，我发现了天才的全部秘密，其实只有6个字："不要小看自己。"这是我一生中最快乐的经验。

——周明

那些敢于去尝试的人一定是聪明人，他们不会输。因为他们即使不成功，也能从中学到教训。所以，只有那些不敢尝试的人，才是绝对的失败者。

——张亚勤

世界上每一件东西都有自己的价值，我们也应该相信自己的力量和价值。每一个人的能量和潜力都是巨大的，除了他自己，别人是不能够充分认识到的，即使是他自己，也要尽力去试验，因为只有在行动之后，才能够知道自己能力的大小。相信自己吧！上天总是喜欢帮助那些自己成就自己的人！每一个都有自己的价值，学会坦然的接受自己的位置，融入身边的这个社会。伟大人物从来都是这样做的。

——塞缪尔·斯迈尔斯

2. 自信赢得美好

自信人生二百年，会当水击三千里。

——毛泽东

我觉得"狂"是自信，一个人不能没有一点"狂"，没有自信的话，什么事情都做不成。

——许渊冲

我们对自己抱有自信心，将使别人对我们萌生信心的绿芽。

——拉罗什福科

六十二、自律

1. 自律是人类的一个医生

莫大之祸,起于须臾之不忍,不可不谨。

——王永彬

乖僻自是,悔悟必多;颓惰自甘,家道难成。

——朱伯庐

节制和劳动是人类的两个真正的医生:劳动促进了人的食欲,节制可以防止他贪食过度。

——卢梭

人类的主要优点在于能抵制天性的冲动。

——约翰逊

知道在适当的时候自动管制自己的人就是聪明人。

——雨果

2. 只有征服自己才能征服世界

想左右天下的人,须先能左右自己。

——苏格拉底

倘若你想征服世界,你就得征服自己。

——陀思妥耶夫斯基

征服自我的人是最了不起的胜利者。

——亨利·沃德·比彻

能主宰自己灵魂的人将永远被称为征服者的征服者。

——普劳图斯

一个人一旦打响了征服自我的战斗,他便是值得称道的人。

——罗·勃朗宁

能征服自己的感情而不被感情征服的人,终将被视为一个可靠的人。

——普劳图斯

希望是坚韧的拐杖,忍耐是旅行袋,携带它们,人们可以登上永恒之旅。

——罗素

3. 只有管好自己才能管理别人

胜人者有力,自胜者强。

——老子

能胜强敌者,先自胜者也。

——商鞅

志之难也,不在胜人,在自胜。

——韩非子

所贵乎刚者,贵其能胜己也,非以其能胜人也。

——吕坤

海纳百川，有容乃大；壁立千仞，无欲则刚。

—— 林则徐

事能知足心常泰，人到无求品自高。

—— 陈伯崖

欲胜人者必先自胜，欲论人者必先自论，欲知人者必先自知。

—— 吕不韦

古之能成大事者，必其自胜之力甚强也。

—— 梁启超

六十三、激情

1. 激情来自真正的喜爱

热忱不只是外在的表现，它发自于内心。热忱来自你对自己正在做的某件工作的真正喜爱。

——戴尔·卡耐基

真正有价值的东西不是出自雄心壮志或单纯的责任感，而是出自对人和客观事物的热爱和专心。

——爱因斯坦

热情是人类的全部，如果没有热情，宗教、历史、小说、艺术都将变得毫无意义。

——巴尔扎克

历史给我们的最好的东西就是它所激起的热情。

——歌德

激情只是自爱的各种口味。

——拉罗什福科

2. 激情是心灵的青春

激情由最初的意识形成，它是心灵的青春。

——莱蒙托夫

我们的激情实际上像火中的凤凰一样，当老的被焚化时，新的又立刻在它的灰烬中出生。

——歌德

我们热爱这个世界时，才真正活在这个世界上。

—— 狄德罗

热情常使最机灵的人变成疯子，同时也可使最愚蠢的人变得聪明起来。

—— 车尔尼雪夫斯基

热情是飞跃的闪电，它的功率是不可用人们常识中的马力来计算的。

—— 爱默生

发自内心的热情是一种高贵而崇高的东西。

—— 巴尔扎克

只有热情，巨大的热情，才能使灵魂升毕。

—— 狄德罗

3. 激情铸就辉煌

没有激情，世界上任何伟大的事业都不会成功。

—— 黑格尔

没有激情，人只不过是一种潜在的力量。就像火石，在它能够发出火星之前等待着铁的撞击。

—— 阿米尔

伟大的热情能战胜一切，因此我们可以说，一个人只要强烈地坚持不懈地追求，他就能达到目的。

—— 司汤达

在这世界的历史里，每一个伟大的有威力的时代的产生，都是一种热诚得到了胜利。

—— 爱默生

经验告诉我们：成功和能力的关系少，和热心的关系大。

——贝克登

一个没有受到献身的热情所鼓舞的人，永远不会做出什么伟大的事情来。

——车尔尼雪夫斯基

无论才能知识多么卓越，如果缺乏热情，则无异于画饼充饥，无补于事。反之，如果知识才能稍有欠缺，只要有蓬勃的热情或坚决之意志，即会从中产生许多善果。即使个人没有具体的呈现，他人见到此人热情如斯，也会由衷地给予一些有形或无形的协助。这种情势，足以弥补个人欠缺的才能和知识，使工作得以顺利地进行、完成。

——松下幸之助

六十四、勤奋

1. 勤奋使人生成为流动的风景

锲而不舍,金石可镂。

——荀子

鞠躬尽力,死而后已。

——诸葛亮

咬定青山不放松,立根原在破岩中。千磨万击还坚劲,任尔东西南北风。

——郑燮

巨大的建筑,总是由一木一石叠起来的,我们何妨做做这一木一石呢?我时常做些零碎事,就是为此。

——鲁迅

生命就是一种奋斗,不能奋斗,就失去生命的意义与价值;能奋斗,则世间很少不能征服的困难。

——朱光潜

古今之成大事业、大学问者,必经过三种之境界。"昨夜西风凋碧树,独上高楼,望断天涯路",此第一境也。"衣带渐宽终不悔,为伊消得人憔悴",此第二境也。"众里寻他千百度,蓦然回首,那人却在灯火阑珊处",此第三境也。

——王国维

我从来没有长大,但我从来没有停止过成长。

——阿瑟·克拉克

2. 功名来自勤奋

业精于勤，荒于嬉；行成于思，毁于随。

—— 韩愈

自天子以至于庶人，自尧舜以至于途之人，必有所以汲汲皇皇者，而后其德进，其业成。孟子论历圣道统心传，不出忧勤惕励四字，其最亲切者，曰："仰而思之，夜以继日；幸而得之，坐以待旦。"此四语不独作相，士农工商皆可作座右铭也。

—— 吕坤

无论古今中外，凡在某一方面成大功，立大名的人，都是在某方面勤于工作的人。

—— 冯友兰

成功的花，人们只惊羡她现时的明艳。然而当初它的芽儿，浸透了奋斗的泪泉，洒遍了牺牲的血雨。

—— 冰心

一个人是可以做到他想做的一切的，需要的只是坚韧不拔的毅力和持久不懈的努力。不是每一次努力都会有收获，但是，每一次收获都必须努力，这是一个不公平的不可逆转的命题。

—— 张爱玲

人不是因为没有信心而跌倒，而是不能把信念化为行动，并且不顾一切地坚持到底。

—— 戴尔·卡耐基

几百年前，我们的祖先就知道的——勤奋是成功之母。我相信这句话在今天同样是受用的。

—— 弗拉基米尔·普京

坚持下去，成功就在下一个街角处等着你。

—— 比尔·盖茨

3. 人生之春是熬出来的

梯子的梯阶从来不是用来搁脚的,它只是让人们的脚放一段时间,以便让另一只脚能够再往上登。

——徐志摩

懂事需要经历,经历需要时间,用漫长时间去经历,这就是熬了。这个熬的意思相当于中草药制作汤药的那个熬:煎熬。于是,可以说,意象是熬出来的,苏醒是熬出来的,人生的春是熬出来的。

——池莉

第一个青春是上帝给的,第二个青春是靠自己努力得来的。

——李嘉诚

人类的努力应该是没有边界的,我们千差万别,不管生活看上去有多糟糕,总有你能够做的事情,并且能够成功。有生命的地方,就有希望。

——《万物理论》

六十五、意志

1. 有志者事竟成

坚志者，功名之柱也；不惰者，众善之师也。

——葛洪

必能忍人不能忍之触忤，斯能为人不能为之事功。

——陈继儒

三军可以夺帅也，匹夫不可夺志也。

——孔子

有志者，事竟成，破釜沉舟，百二秦关终属楚；苦心人，天不负，卧薪尝胆，三千越甲可吞吴。

——蒲松龄

功崇惟志，业广为勤。

——《尚书·周官》

有志者事竟成。

——刘秀

在这个世界上没什么是不可能的，如果我们有这样做的坚强意志。

——洪堡

惟坚韧者始能遂其志。

—— 本杰明·富兰克林

一个人如果没有坚定的意志，他是任何事业都做不成功的。

—— 牛顿

坚强是反映意志对猛烈打击的抵抗力，顽强则是指意志对持续打击的抵抗力。

—— 克劳塞维茨

生活就像海洋，只有意志坚强的人，才能达到彼岸。

—— 马克思

在人生的道路上，当你的希望一个个落空的时候，你也要坚定，要沉着。毅力是成功的先决条件，如果你用力不断的敲门，总会有人应门的。

—— 朗费罗

在意志面前，一切都得低头弯腰。

—— 高尔基

坚强的心，能使平凡的人做出惊人的事业。

—— 马尔顿

字典里最重要的三个词，就是意志、工作、等待。我将要在这三块基石上建立成功的金字塔。

—— 巴斯德

2. 意志坚强是伟大人物的显著标志

历史上许多伟大人物所以能有伟大成就者，大半都靠有极坚强的意志力，肯向抵抗力最大的路径走。

—— 朱光潜

古之立大事者，不惟有超世之才，亦必有坚韧不拔之志。

——苏轼

伟大人物的最明显的标志，就是他坚强的意志，不管环境变换到何种地步，他的初衷与希望仍不会有丝毫的改变，并最终克服障碍，达到期望的目的。

——爱迪生

看一下世界上一切伟大人物的传记，不管是已过世的，还是活着的，在他们每个人身上都有一种非常出众的特质。那正是他们如此出色的原因。我称之为永不折服、不可战胜的意志，他们拒绝向要挫败其进步的外部力量低头。

——罗伯特·科利尔

人类的意志是一种活生生的力量。分析一下在各行各业取得成就的伟大人物的特质，一个先决的特质就是永不屈服的意志。人首先是做某事的愿望，然后是做成它的意志。当意志让他前进时他会像一艘强劲的汽船一样，迎头赶上、强大而有力，不会为任何事而停下来。

——罗伯特·科利尔

3. 意志产生才能与智慧

士人有百折不回之真心，才有万变不穷之妙用。

——陈继儒

正是在意向性和意志中，人才体悟到他自己的存在。

——罗洛·梅

一个大无畏的人，愈为环境所困，反而愈加奋勇，不战栗不巡逡，胸膛直挺，意志坚定；敢于对付任何困难、轻视任何厄运、嘲笑任何阻碍；因为忧患，困苦，不足以损他毫末，反足以加强了他的意志、力量与品格，而使他成为人上之人——这真是世间最可敬佩，最可艳羡的一种人物了。"命运"不能阻碍这种人的前程。

——奥里森·奥里森·马登

没有伟大的意志力，就不会有雄才大略。

——巴尔扎克

六十六、克难

1. 生命困坎坷而精彩

艰难困苦,玉汝于成。

——张载

处忧患是人生幸事,能使人精神振奋,志气强立。今复还我忧患生涯,而心境之愉快,视前此乃不啻天壤,此亦天之所以玉成汝辈也。

——梁启超

人的生命力,是在痛苦的煎熬中强大起来的。

——路遥

其实哪一个人在人生的坎坷的路途上不有过颠簸?哪一个不再憧憬那神圣的自由的快乐的境界?不过人生的路途就是这个样子,抱怨没有用,逃避不可能,想飞也只是个梦想。

——梁实秋

未曾失意的人不懂人生。

——周国平

苦是一种成熟的品味,所以我几乎没见过有孩子爱吃苦瓜。只有经历过了人间百味,酸咸尝遍,你才能体会苦瓜的清凉。中国人爱吃苦在这个意义上非但不是贬损,反而是个褒扬,这表示历史够悠久的这个民族沧桑见尽,什么滋味都试过,这才晓得细品苦中真味,成了全世界最能欣赏苦瓜的国度。

——梁文道

逆境是磨炼人的高等学府。

——苏格拉底

苦难是人生最好的大学。

——高尔基

苦难是人生的老师。

——巴尔扎克

森林中的树，要不曾同暴风猛雨搏斗过千百回，树干就不能长得十分结实。同样，人不遭遇种种阻碍，他的人格、本领，也是不会长得结实的。所以一切的折磨、忧苦与悲哀，都是足以助长我们，锻炼我们的。

——奥里森·马登

谁能把生死置之度外，他就会成为新人。谁能战胜痛苦和恐惧，他自己就能成为上帝。

——陀思妥耶夫斯基

困难，对于弱者是一个深渊，对于强者是一笔财富。

——巴尔扎克

2. 困难是勇敢者前进的脚踏石

多难兴邦。

——左丘明

困难，是动摇者和懦夫掉队回头的便桥；但也是勇敢者前进的脚踏石。

——爱默生

只有经过地狱般的磨炼，才能炼出创造天堂的力量，只有流过血的手指，才能弹奏出世间的绝唱。

——泰戈尔

累累的创伤,就是生命给你最好的东西,因为在每个创伤上都标示着前进的一步。

——罗曼·罗兰

伟大的事业根源于坚韧不断的工作,以全副精神去从事,不避艰苦。

——罗素

3. 困难存在的价值

志不求易,事不避难,臣之职也;不遇盘根错节,何以别利器乎?

——虞诩

一个人彻悟的程度,恰等于他所受痛苦的深度。人是得经点事的,没有波澜,反而显得索然寡味。

——林语堂

眼睛愈多流泪而愈见清明,心因饱经忧患而愈加温厚。

——冰心

人生如茶,富于建设性的生命,即使跟残酷的世界相遇,煎熬本身也可以变为成全。

——于丹

痛苦、失望和悲愁不是为了惹恼我们。它们的存在,是为了使我们心智成熟,臻于完善。

——赫尔曼·黑塞

竖在你面前的栏越高,你跳过的也越高。一个人成就大小,往往决定于他所遇到的困难的程度。

——阿费烈德的跨栏定律

人的美德犹如名贵的香料,在烈火焚烧中散发出最浓烈的芳香,正如恶劣的品质可以在幸运中暴露一样,最美好的品质也正是在厄运中被显现出来的。

——培根

六十七、创新

1. 我创造,所以我存在

周虽旧邦,其命惟新。

——《诗经·大雅·文王》

天地革而四时成,汤武革命顺乎天而应乎人,革之时大矣哉。

——《象传》

革,去故也;鼎,取新也。

——《杂卦传》

苟日新,日日新,日又新。

——商汤《盘铭》铭文

富有之谓大业,日新之谓盛得。生生之谓易。

——《周易·系辞上》

天变不足畏,祖宗不足法,人言不足恤。

——王安石

盖世必有非常之人,然后有非常之事;有非常之事,然后有非常之功。非常者,固常之所异也。故曰非常之原,黎民惧焉,及臻厥成,天下晏如也。

——司马相如

人生最有趣的事情就是送旧迎新，因为人生的最高欲求是在时时创造新生活。

——李大钊

什么是路？就是从没有路的地方践踏出来，从只有荆棘的地方开辟出来的。

——鲁迅

真正的创造是不计较结果的，它是一个人的内心力量的自然而然的实现，本身即是一种享受。

——周国平

假如你不能创造你的自我，你一切都和别人一样，合群而大，你等于不存在。存在的意义跟个体、跟创造、跟自由是联系在一起的，所以我常说，人是自我创造的生物。

——高尔泰

我创造，所以我生存。生命的第一个行动就是创造。

——罗曼·罗兰

创造是一种精神实践活动，这种实践活动的结果是创建独特的、不可重复的、具有社会意义的文化珍品，指出新的事实，发现新的属性和规律以及研究和改造世界的方法。

——斯比尔金

生命就是不停地创造。世界上使社会变得伟大的人，正是那些有勇气在生活中尝试和解决人生新问题的人。

——泰戈尔

美是到处都有的，对于我们的眼睛，不是缺少美，而是缺少发现。

——罗丹

天才人物，不论在人类活动的何种领域出现，他永远是精神的创造力量的化身，生活的新的报知者。

——别林斯基

2. 好奇心是创新的强劲动力

创造力确实需要有知识，但是不仅仅是知识。爱因斯坦的两句话一直对我影响很深，一句是"我没有特殊的天赋，我只是极度地好奇"，另一句是"想象力比知识更重要"。从这两句话中受到启发，我提出一个简单的假说，就是创造力等于知识乘以好奇心和想象力。

——钱颖一

如果没有好奇心和纯粹的求知欲为动力，就不可能产生那些对人类和社会具有巨大价值的发明创造。

——陆登庭

好奇心是智慧富有活力的最持久、最可靠的特征之一。

——塞缪尔·约翰逊

好奇心是科学工作者产生无穷的毅力和耐心的源泉。

——爱因斯坦

人们本能地追求知识，认为知识是有价值的。如果用一句话来概括这种现象，则可以说：人类的一切才能都来源于多余的好奇心。所谓多余的（不必要的）好奇心，是指探求知识并没有什么目的而言。这样得到的知识一点也没顾及今后的实用性。

——鹤见和子

"新奇"这个罪名，即是那些判决人类头脑的人常常使用的可怕的责难。他们判断人的思想，就像判断假发一样，总以套式为标准，他们认为只有那些相沿成习的传统教条才是正确的东西。不论什么地方，任何新学说出现之初，所包含的真理，都难以得到多数人的同意；新观点之所以总是被怀疑、被反对，其理由就在于它们还没有变得习以为常。但真理有如黄金，并不因为从新矿中挖出，就不是黄金。试验和检验会给它确定价值，而不是古老的套式确定它的价值。

——洛克

3. 疑问是创新的基本前提

人类所抱的疑念，就是科学的萌芽。

——爱默生

假如一个人想从确定性开始，那么，他就会以怀疑告终；但是，假如他乐于从怀疑开始，那么，它就会以确定性告终。

——培根

我没有什么特别的才能，不过喜欢寻根刨底地追究问题罢了。

——爱因斯坦

打开一切科学的钥匙都毫无异议地是问号，我们大部分伟大发现都应当归功于如何？而生活的智慧大概就在于逢事都问个为什么？

——巴尔扎克

世界文明的进步，是由于人们钻研天地间的有形的物质和无形的人事两方面的动态而发现其真理所致。西方各国人民所以能达到今天的文明，追溯其根源，可以说都是从怀疑出发。

——福泽谕吉

4. 独辟蹊径是创新的有效方式

向还没有开辟的领地进军，才能创造新天地。

——李政道

创造可大别两种：一是成己，一是成物。成己就是在个人生命上的成就，例如才艺德行等；成物就是对于社会文化上的贡献，例如一种新发明或功业等。

——梁漱溟

想别人不敢想的，你已经成功了一半。做别人不敢做的，你就会成功另一半。

——爱因斯坦

创造力的真正关键在于如何活用知识和经验来寻找新点子、新创意，这是培养创造性思考所需的态度。

——罗杰·冯·伊庄

5. 只会模仿的人永远是矮子

学我者生，似我者死。

——齐白石

我觉得，必须形成自己的风格个性，除了思想观念，在艺术上也要有一个剥离的过程——剥除旧的观念，不仅思想上而且艺术上，要从大树的阴影下寻找自己的天空、阳光。我是从自然界受到这种启示，开始寻找自己，形成自己的创作风格。

——陈忠实

妒忌别人是无知的表现，而模仿他人则无异于自杀。

——塞缪尔·斯迈尔斯

很多人在二三十岁的时候就死去了。因为过了那个年龄，他们只是自己的影子，余生都会在模仿自己中度过。

——罗曼·罗兰

不断变革创新，就会充满青春活力；否则，就可能会变得僵化。

——歌德

坚持自己，决不要模仿；你可用一生所积累的力量，将自己的才赋表现出来；但是取用别人的才能，就只能拥有他的一半。

——爱默生

模拟算得了什么？猎犬也会追随它的主人，猴子也会效法它的饲养者，马儿也会听从它的骑师。

——莎士比亚

六十八、机遇

1. 机遇是人生成功的因素之一

时来天地皆同力,运去英雄不自由。

—— 罗隐

在人生成功的过程中,须具有三种因素,这三种因素配合起来,然后才可以成功。这其中,一是天才,二是努力,三是机会,或者也可以说是环境。如一个人有天赋才能,并且肯十分努力,但却仍需遇巧了机会。如果没有机会,虽然有天资、肯努力,也是"英雄无用武之地"了。提到机会环境,常会有人说我们可以创造环境,争取机会,这当然是不错的。不过,创造环境,争取机会,却包括在努力之中,而这里所说的机会,乃指一人之力所不能办到的而言。

—— 冯友兰

仅仅天赋的某些巨大优势并不能造就英雄,还要有运气相伴。不管人们怎样夸耀自己的伟大行动,它们常常只是机遇的产物,而非一个伟大意向的结果。

—— 拉罗什富科

我不能选择那最好的。是那最好的选择我。

—— 泰戈尔

2. 善于捕捉机会者为俊杰

君子藏器于身,待时而动,何不利之有?

——《周易·系辞下》

政不可不慎也。务三而已:一曰择人,二曰因民,三曰从时。

—— 左丘明

机不可失，时不再来。

———张九龄

人生成功的秘诀是当好机会来临时，立刻抓住它。

———狄斯累利

在这个世界上，取得成功的人是那些努力寻找他们想要的机会的人。如果找不到机会，他们就去创造机会。

———萧伯纳

一个人非常重要的才能在于他善于抓住迎面而来的机会。

———蓬皮杜

3. 机遇只会给有准备的人

来而不可失者时也，蹈而不可失者机也。

———苏轼

谁不坐等机会的馈赠，谁便征服了命运。

———马·阿诺德

机会无时不在，要随时撒下钓钩，鱼儿常在你最意料不到的地方游动。

———奥维德

人们若是一心一意地做某一件事，总是会碰到偶然的机会的。

———巴尔扎克

重要的不是环境，而是对环境做出的反应。

———鲍勃·康克林

有多少生活中的不幸和坏运气，只不过是没有看准时机。

———阿瑟·戈森

六十九、方法

1. 工欲善事，必先利器

工欲善其事，必先利其器。

——孔子

要做任何事情，方法非常重要，不是说想做就能做到的。那就要动动脑筋。还是那句老话：道理是直的，但是路经常是弯的，拐一个弯就顺当了。

——曾仕强

良好的方法能使我们更好地发挥天赋的才能，而拙劣的方法则可能妨碍才能的发挥。

——贝尔纳

2. 事无定规，法无常态

兵无常势，水无常形。

——孙子

治水之法，既不可执一，泥于掌故，亦不可妄意轻信人言。盖地有高低，流有缓急；潴有深浅，势有曲直；非相度不得其情，非咨询不穷其致。

——钱泳

与时迁移，应物变化，设策之机也。

——司马光

智者顺时而谋，愚者逆境而动。

——朱叔元

想不通时,不妨跳出自己,换个角度,换个思维。

—— 胡适

3. 方法种种

顺木之天,以致其性。

—— 柳宗元

大处着眼,小处着手;群居守口,独居守心。

—— 曾国藩

胆欲大而心欲小,智欲圆而行欲方。

—— 孙思邈

用兵之道,攻心为上,攻城为下。

—— 陈亮

用兵之道,取胜在于得势,成功在乎投机。

—— 宋汝为

知彼知己,百战不殆;不知彼而知己,一胜一负;不知彼不知己,每战必殆。

—— 孙子

当断不断,反受其乱。

—— 司马迁

密以求密,精以求精。

—— 蔡锷

科学方法,我只讲十个字,那就是"大胆的假设,小心的求证"。

—— 胡适

宋时有一新进士请教老前辈做官的秘诀,老前辈告诉他四个字:勤谨和缓。这四个字,大家称为做官秘诀,我把它看作做人、做事、做学问的秘诀。

——胡适

凡事要学会抓主要矛盾,切勿眉毛胡子一把抓。

——毛泽东

没有全局在胸,是不会真的投下一着好棋子的。

——毛泽东

越是看似错综复杂的问题,越是要赶快回归原点,依据单纯的原理原则做出决断。我们应该具备把复杂事情简单化、直接抓住事物本质的"高层次的眼光"。

——稻盛和夫

沏茶时,重的东西要轻轻放下,轻的东西要重重放下。我们往往因用力过度而造成自己与他人的负担,所以"举重若轻"才是用心而不过度用力的智慧表现。

——森下典子

外观往往和事物本身完全不符,世人都容易为表面的装饰所欺骗。

——莎士比亚

七十、细节

1. 千里始足下，高山起微尘

合抱之木，生于毫末；九层之台，起于累土；千里之行，始于足下。民之从事，常于几成而败之。慎终如始，则无败事。

——老子

不积跬步无以至千里，不积小流无以成江海。

——荀子

泰山不让土壤，故能成其大；河海不择细流，故能就其深；王者不却众庶，固能明其德。

——李斯

为山者基于一篑之土，以成千丈之峭；凿井者起于三寸之坎，以就万仞之深。

——刘昼

事未有不生于微而成于著者。

——司马光

巨大的建筑，总是由一木一石叠起来的，我们何妨做做这一木一石呢？我时常做些零碎事，就是如此。

——鲁迅

2. 小事成大事，细节定成败

　　为无为，事无事，味无味。大小多少，报怨以德。图难于其易，为大于其细。天下难事，必作于易；天下大事，必作于细。

——老子

　　故良医之治病也，攻之于腠理，此皆争之于小者也。夫事之祸福亦有腠理之地，故圣人早从事焉。

——韩非子

　　垂大名于万世者，必先行之于纤微之事。

——陆贾

　　天下大事当从大处着眼，小处着手。

——曾国藩

　　建大业于天下者，必先修于闺门之内；垂大名于万世者，必先行于纤微之事。

——陆贾

　　工艺上的小差异，显示出民族素质上的大差异。

——张瑞敏

　　把每一件简单的事做好就是不简单；把每一件平凡的事做好就是不平凡。

——张瑞敏

　　小事成就大事，细节成就完美。

——戴维·帕卡德

　　奥秘全在细微处。

——格茨·维尔纳

事先考虑到每个事情的细节，让他们在头脑里形成清晰的印象，那么，毫无疑问，事情就一定能成功。

——稻盛和夫

不放过细节。无视细节的企业它的发展必定在粗糙的砾石中停滞。

——松下幸之助

一个企业家要有明确的经营理念和对细节无限的爱。

——布鲁诺·蒂茨

在艺术的境界里，细节就是上帝。

——米开朗琪罗

一个不注意小事情的人，永远不会成就大事业。

——戴尔·卡耐基

3. 防微杜其渐，避免滋祸端

祸福之来，皆起于渐。

——吴兢

清诛屏降胡，以单于之号以防微杜渐。

——韦謏

若敕政责躬，杜渐防萌，则凶妖销灭，害除福凑矣。

——范晔

不矜细行，终累大德。为山九仞，功亏一篑。

——《尚书·旅獒》

千丈之堤，以蝼蚁之穴溃；百尺之室，以突隙之烟焚。故曰：白圭之行堤也塞其穴，丈人之慎火也涂其隙，是以白圭无水难，丈人无火患。此皆慎易以避难，敬细以远大者也。

—— 韩非子

勿以恶小而为之，勿以善小而不为。

—— 刘备

善为天下虑者，不敢忽于微，而常杜其渐也。

—— 司马光

夫祸患常积于忽微，而智勇多困于所溺。

—— 欧阳修

君子终日乾乾，夕惕若厉，无咎。

——《周易·乾卦》

祸之所由生也，生自纤纤也。是故君子蚤绝之。

—— 荀子

勿轻小事，小隙沉舟；勿轻小物，小虫毒身；勿轻小人，小人贼国。

—— 关尹子

凡大事皆起于小事，小事不论，大事又将不可救，社稷倾危莫不由此。

—— 吴兢

酷烈之祸，多起于玩忽之人；盛满之功，常败于细微之事。无事常如有事时，提防才可以弥意外之变。小处不渗漏，暗处不欺隐，末路不怠荒，才是真正的英雄。

—— 洪应明

临崖失马收僵晚，船到江心补漏迟。

—— 沈璟

七十一、惜时

1. 时间如流水，一去不复回

子在川上曰："逝者如斯夫，不舍昼夜。"

——《论语·子罕篇》

天可补，海可填，南山可移。日月既往不可追复。

——曾国藩

　　洗手的时候，日子从水盆里过去；吃饭的时候，日子从饭碗里过去；默默时，便从凝然的双眼前过去。我一觉察他去的匆匆了，伸出手遮挽时，他又从遮挽着的手边过去；天黑时，我躺在床上，他便伶伶俐俐地从我身上跨过，从我脚边飞去了。等我睁开眼睛和太阳再见，这算又溜走了一日。我掩面叹息，但是新来的日子的影儿又开始在叹息里闪过。

——朱自清

　　时间过去的过去了，未来的尚没有来，现在的刹那间即已消失，而且刹那又在哪里？照这样看，哪里有过去？有未来？又哪里有现在？因而无古无今，无旦无暮，时间只不过是一段无始无终连绵不断的长远罢了。

——林清玄

　　世界上最快而又最慢，最长而又最短，最平凡而又最珍惜，最容易被人忽视而又最令人后悔的就是时间。

——高尔基

2. 只有珍惜时间，才能活出精彩

志士惜年，贤人惜日，圣人昔时。

——魏源

望崦嵫而勿迫，恐鹈鴂之先鸣。

——鲁迅集联

节约时间，也就是使一个人的有限的生命，更加有限，而也即等于延长了人的生命。

——鲁迅

坐在时光上，懂得对时间的尊重。只有尊重别人的时间也掌握自己时间的人，才能得到别人的尊重。

——刘墉

人之所以悲哀，是因为我们留不住岁月，更无法不承认，青春，有一日是要这么自然地消失过去。而人之可贵，也在于我们因着时光环境的改变，在生活上得到长进。岁月的流逝固然无可奈何，而人的逐渐蜕变，却又脱不出时光的力量。

——三毛

"如果你能跟上时间的步伐，你就不会默默无闻。"

——瑞士温特图尔钟表博物馆古钟上的箴言

我想靠抓紧时间去留住稍纵即逝的日子，我想凭时间的有效利用去弥补匆匆流逝的光阴。剩下的生命愈是短暂，我愈要使之过得丰盈饱满。

——蒙田

谁虚度年华，青春就会褪色，生命就会抛弃他们。

——雨果

抛弃时间的人，时间也会抛弃他。

——莎士比亚

3. 过去未来无限期，"今日"最宝贵

今日复今日，今日何其少；今日又不为，此事何时了。

—— 文嘉

无限的"过去"都以"现在"为归宿，无限的"未来"都以"现在"为渊源。"过去""未来"的中间全仗有"现在"以成其连续，以成其永远，以成其无始无终的大实在。一掣现在的铃，无限的过去、未来皆遥相呼应。这就是过去、未来皆是现在的道理。这就是"今"最宝贵的道理。

—— 李大钊

若是爱千古，应该爱现在；昨日不能唤回来，明天还是不实在；能确有把握的，只有今日的现在。

—— 爱默生

忘掉今天的人被明天忘掉。

—— 歌德

有人总说：已经晚了。实际上，现在就是最好的时光。对于一个真正有追求的人来说，生命的每个时期都是年轻的、及时的。

—— 摩西奶奶

七十二、成败

1. 成败乃人生的孪生兄弟

高岸为谷，深谷为陵。

——《诗经·小雅》

人有盛衰，泰极必否。

——左丘明

并非所有人都能成功，勇于进取者往往要冒失败的风险。

——托比亚斯·斯摩莱特

如果冬天来了，春天还会远吗？

——雪莱

黑夜无论怎样悠长，白昼总会到来。

——莎士比亚

世界上没有悲剧和喜剧之分，如果你能从悲剧中走出来，那就是喜剧，如果你沉湎于喜剧之中，那它就是悲剧。

——犹太人格言

2. 失败是成功之母

人具有一种反败为胜的力量。

——阿德勒

从失败中培养成功，障碍与失败，是通往成功的两块最稳靠的踏脚石。

——戴尔·卡耐基

有一个著名的科学家曾说：当他遭遇到一个似乎不可超越的难题时，他知道，自己快要有所发现了。

——奥里森·马登

假如生活欺骗了你，不要悲伤，不要心急，忧郁的日子里需要镇静，相信吧，快乐的日子将会来临。

——普希金

生活总是让我们遍体鳞伤，但到后来，那些受伤的地方一定会变成我们最强壮的地方。

——海明威

失败将能磨炼人的筋骨，使人变得不可战胜，失败组成了如今大行其道的英雄品质。

——亨利·沃德·比彻

3. 成不忘败常忧患

君子安而不忘危，存而不忘亡，治而不忘乱，是以身安而国家可保也。

——《周易·系辞下传》

惟事事，乃其有备，有备无患。

——《尚书·商书·说命》

居安思危，思则有备，有备无患。

——左丘明

思所以危则安矣，思所以乱则治矣，思所以亡而存矣。存亡之所在，在节嗜欲，省游畋，息靡丽，罢不急，慎偏听，近忠厚，远便佞而已。

——魏征

知者之举事也，满则虑嗛，平则虑险，安则虑危，曲重其豫，犹恐及其祸，是以百举而不陷也。

——荀子

夫忧者所以为昌也，喜者所以为亡也。胜非其难者也；持之，其难者也。

——列子

忧劳可以兴国，逸豫可以亡身。

——欧阳修

天下之患，最不可为者，名为治平无事，而其实有不测之忧。

——苏轼

处富贵之地，要知贫贱的痛痒；当少壮之时，需念衰老的辛酸。

——洪应明

霸主孤身取二江，子孙多以百战降。豪华尽出成功后，逸乐安知与祸双？

——王安石

4. 反败为胜靠自己的奋斗

贫不足羞，可羞是贫而无志；贱不足恶，可恶是贱而无能；老不足叹，可叹是老而虚生；死不足悲，可悲是死而无闻。

——吕坤

成功有个副作用，就是以为过去的做法同样适用于未来。

——于丹

如果一个人被困难击倒,向风暴低头,那么他将成功很少。而如果一个人致力于征服,那么他将永远不会失败。

——约翰·亨特

成功者与失败者之间的区别,常在于成功者能由错误中获益,并以不同的方式再尝试。

——爱默生

生命中最大的荣耀并不在于永不跌倒,而在于跌倒了能顽强地站起来。

——克林顿

有一种胜利和失败——最辉煌的胜利和最悲惨的失败——不是掌握在别人手里,而是操纵在自己手里。

——柏拉图

七十三、教育

1. 教育是培养人的精神长相

大学之道，在明明德，在亲民，在止于至善。

——《大学》

教育能改良个人之天性。人之性情有善有恶，教育能使恶者变善，善者益善。教育乃取恶性中之善分子，去善性中之恶分子。如开矿然，泥内含金，金内亦杂有泥。采矿者取泥内之金，去金内之泥，然后成为贵品。教育亦若是矣。

——陶行知

教育就是培养人的精神长相。家长和教师的使命就是让孩子逐步对自己的精神长相负责任，去掉可能沾染的各种污秽，培养人身上的精神"种子"，让人可以呼吸高山空气，让人可以扬眉吐气。

——朱永新

教育的本义是唤醒灵魂，使之在人生的各种场景中都保持在场。

——周国平

人类被赋予了一种工作，那就是精神的成长。

——列夫·托尔斯泰

2. 教育是增强人的主体能力

幼儿学者，如日出之光；老而学者，如秉烛夜行，犹贤乎瞑目而无见者也。

——颜之推

我心目中的好学生具备两种能力。一是快乐学习的能力，能从学习本身获得莫大的快乐。二是自主学习的能力，善于自己安排自己的学习。这也是我对学校教育的要求，应使学生第一爱上学习，做知识的恋人，第二学会学习，做知识的主人。这就是好的智力素质。我深信，具有这样素质的学生不管是否考进了名校，将来都会有出息。

——周国平

教育就是当一个人把在学校所学全部忘光之后剩下的东西。

——爱因斯坦

3. 教育者要懂得教育对象

人生小幼，精神专利，长成以后，思虑散逸，固须早教，勿失机也。

——颜之推

教育者应当深刻了解正在成长的人的心灵。只有在自己整个教育生涯中不断地研究学生的心理，加深自己的心理学知识，才能够成为教育工作的真正的能手。

——苏霍姆林斯基

当教师把每一个学生都理解为他是一个具有个人特点的，具有自己的意向、自己的智慧和性格结构的人的时候，这样的理解才能有助于教师去热爱儿童和尊重儿童。

——赞科夫

一个要教育别人的人，最有效的办法是首先教育好自己。

——丹尼尔·笛福

七十四、读书

1. 读书使人舒展生命

天下第一好事,还是读书。

——张元济

养心莫善寡欲,至乐无如读书。

——郑成功

忧然非书不释,岔然非书不解,精神非书不振。

——颜元

以有涯之生逐无涯之知,是人生中最有意义的事情。

——冯端

年轻的时候以为不读书不足以了解人生,直到后来才发现如果不了解人生,是读不懂书的。读书的意义大概就是用生活所感去读书,用读书所得去生活吧。

——杨绛

我之喜爱和研读古典诗词,本不出于追求学问知识的用心,而是出于古典诗词中所蕴含的一种感发生命对我的感动和召唤。在这一份感发生命中,曾经蓄积了古代伟大之诗人的所有心灵、智慧、品格、襟抱和修养。所以中国传统一直有"诗教"之说。其实我一生经过了很多苦难和不幸,但是在外人看来,却一直保持着乐观、平静的态度,与我热爱古典诗词的确有很大关系。

——叶嘉莹

如果说宗教对人类的心灵起着一种净化的作用，使人类对宇宙、对人生产生一种神秘和美感，对自己同类或其他生物表示体贴的怜悯，那么依我所见，诗歌在中国已经代替了宗教的作用。

——林语堂

关于阅读，我一直觉得它是一种依赖机缘和悟性的个人行为。读书不是非要拔高到一种信念、一种要求，简单来讲，阅读应该只是一种生活方式而已。如果不读书就像少喝了一杯茶，或者是你上床前没有刷牙，会让人有那么一点点难受，这种阅读才是脱离了急功近利的、为了文凭的阅读，而是回到了自己的一种生命需要。

——于丹

2. 读书使人放大格局

我读书实在是少，但是我读过的书，实在地告诉我：你知道的非常少，你还有非常多的不知道。所有书教给我的就是一件事情——你不要自以为是。

——陈丹青

如果说我看得远，那是因为我站在巨人们的肩上。

——牛顿

如果你在图书馆待上一天，不管这座图书馆有多小，当你面对着人类积累下来的无穷财富，你的心中只会满怀敬畏，甚至会夹杂着淡淡的悲哀。想想看吧，有多少美妙的故事你从未听过，有多少对重大问题的探求你永远不会去思考，有多少令人欣赏、发人深省的思想你无法分享，有多少人付出了艰辛的劳动为你服务而你却不会去收获劳动成果。

——毛姆

3. 读书使人开启智慧

人不博览者，不闻古今，不见事类，不知然否，犹目盲、耳聋、鼻痈者也。

——王充

圣人之于天下，耻一物之不知。

—— 扬雄

"一物不知，君子何所耻。"是则时无远近，事无巨细，必藉多闻以成博识。

—— 刘知几

我要读世界上最好的书，以古人为友，领会最好的思想。

—— 贺麟

如果只看合乎自己口味的书，那你永远只能知道你已经知道的事。

—— 蔡康永

理想的书籍是智慧的钥匙。

—— 列夫·托尔斯泰

书籍是全世界的营养品，生活里没有书籍，就好像没有阳光；智慧里没有书籍，就好像鸟儿没有翅膀。

—— 莎士比亚

历史能使人变得更聪明；诗歌能使人增加想象力；数学能使人精确；自然科学能使人思想深刻；伦理学能使人态度庄重；逻辑学与修辞学能使人擅长辞令。

—— 培根

4. 读书使人增进修养

书不是胭脂，却会使女人心颜常驻。书不是棍棒，却会使女人铿锵有力。书不是羽毛，却会使女人飞翔。书不是万能的，却会使女人千变万化。

—— 毕淑敏

读书使人得到一种优雅和风味,这就是读书的整个目的。读书并不是要"改进心智",若是如此,一切读书的乐趣便丧失净尽了。

—— 林语堂

不读书的家庭,就是精神上残缺的家庭。

—— 巴甫连柯

学问能使人性美化,经验又可充实学问,就像自然生长的植物,必须人工加以修剪,人类的天性也需要用学问来加以引导才行。

—— 培根

5. 读书要讲究方法

盖学者自强不息,则积少成多;中道而止,则前功尽弃。其止其往,皆在我不在人也。

—— 朱子

为学之实,固在践履。苟徒知而不行,诚与不学无异。然欲行而未明于理,则所践履者,又未知其果何事也。

—— 朱子

读书的方法,第一要精,第二要博。理想中的学者,既能博大,又能精深。要把"为学要如金字塔,要能广大要能高"作为读书的目标。

—— 胡适

盖士人读书,第一要有志,第二要有识,第三要有恒。

—— 曾国藩

读书三策:少读书,才能读好书;鉴赏优先,批判其次;自家体会,文火煲汤。

—— 陈平原

学以治之，思以精之，朋友以磨之，名誉以崇之，不倦以终之，可谓好学也已矣。

——扬雄

人对书真的会有感情，跟男人和女人的关系有点像。字典之类的参考书是妻子，常在身边为宜，但翻了一辈子未必可以烂熟。诗词小说只当是可以迷死人的艳遇，事后追忆起来总是甜的。至于政治评论、时事杂文等集子，都是现买现卖，不外是青楼上的姑娘，亲热一下也就完了，明天再看也就不是那么回事了。

——董桥

怎样读大师的书？我提倡的方法是：不求甚解，为我所用。

——周国平

我读初中时，父亲给我一本讲治学方法的书，叫《先正读书诀》，其中有这么几点：一要循序渐进，持之以恒，切忌一曝十寒；二是既要精读，又要博览。精读的书要能背诵，博览的书也要记住大意或要点。为了帮助记忆，必须写读书札记；三是读书、阅世、作文相辅而行。这几点，我都是认真做了的。

——霍松林

我的阅读主张，说来简单：那些有学问对我有用处的书，我用吃橄榄的办法阅读，反复咀嚼，徐徐品位；那些有学问，然而对我用处不大的书，我用吃甘蔗的办法阅读，啜其甜汁，吐其渣滓；那些没有什么学问也没有什么用处的书，我就用吃石榴的办法来阅读。石榴这东西，能食的部分极其少，不能食的部分尤其多，忽然意外的清香，也是一种难能可贵的口味。

——李国文

七十五、思考

1. 思考致远,思考致胜

小草能从石缝里长出来,依靠的是思想的力量。

——鲁迅

天堂、地狱,唯在一心。可以海阔天空,也可以坐困愁城,可以自在生活,也可以忧愁终日,是天堂,是地狱,完全在于自己的选择。

——星云大师

我思,故我在。

——笛卡尔

一个能思想的人才真正是一个力量无边的人。

——巴尔扎克

真知灼见,首先来自多思善疑。

——洛克威尔

大学本科教育的价值,不是学习很多事实,而是训练大脑去思考。独立思考和判断能力的开发应该总是被放到最重要的位置,而不是专门知识的获取。

——爱因斯坦

人不光是靠他生来就有的一切,而是靠他从学习中所得到的一切来造就自己。

——歌德

思想的火焰，能照亮前进道路上的障碍，打开人生之谜，揭示朦胧的大自然的奥秘。

—— 高尔基

2. 独立思考，绝不盲从

有主见就有学问！最初的一点主见便是以后大学问的萌芽。

—— 梁漱溟

你问我爸爸对我影响最主要的是什么？可以用一句话说：独立思考。他是一个活生生的榜样，独立思考，从不人云亦云，绝不盲从。盲目的信仰已经很可怕，更可怕的是自己还要骗自己。

—— 傅聪

一般人缺乏独立思考的能力，不喜欢通过学习和自省来构建自己的观点，然而却迫不及待地想知道自己的邻居在想什么，接着盲目从众。

—— 马克·吐温

因为我也有犹太人的这两个天性——怀疑和思考，所以我不会受到偏见的影响，但其他人的智力则容易受到限制。作为一个犹太人，我时刻怀疑"大多数的人"的意见。

—— 弗洛伊德

3. 思而后行，谋定而动

必也临事而惧，好谋而成者也。

—— 孔子

凡事预则立，不预则废。

—— 子思

先谋后事者昌，先事后谋者亡。

—— 马总

权敌审将，而后举兵。

——尉缭

三思而后行，谋定而后动。

——古语

三思者，言思之多，能审慎也。

——刘宝楠

想清楚了再去做，是一种明智之举。

——朱光潜

七十六、智慧

1. 做智慧之人

知、仁、勇三者,天下之达德也。

——孔子

博学而笃志,切问而近思,仁者其中矣。

——子夏

所谓智慧,就是想明白人生的根本道理。所谓智慧的人生,就是要在执着和超脱之间求得一个平衡。有超脱的一面,看到人生的界限,和人生有距离,反而更能看清楚人生中什么东西真正有价值。

——周国平

昨天的我聪明,想去改变这个世界。今天的我智慧,正在改变我自己。

——鲁米

智慧是超过知能的一种明睿作用。智慧常与道德合一。忘我的道德,即有明睿作用存乎其间。

——熊十力

精神像乳汁一样可以养人,智慧便是一只乳房。

——雨果

没有智慧的头脑,就像没有蜡烛的灯笼。

——列夫·托尔斯泰

当智慧骄傲到不肯哭泣,庄严到不肯欢乐,自满到不肯看人的时候,就不成为智慧了。

—— 纪伯伦

2. 奠智慧之基

最大的决心会产生最大的智慧。

—— 雨果

观察与经验和谐地运用到生活上就是智慧。

—— 冈察洛夫

生活的智慧大概就在于遇事问一个为什么。

—— 巴尔扎克

智慧的可靠,标志就是能够在平凡中发现奇迹。

—— 爱默生

智慧并不产生于学历,而是来自对于知识的终身追求。

—— 爱因斯坦

智慧不仅仅存在于知识之中,而且还存在于运用知识的能力中。

—— 亚里士多德

知识,表示知道了某件事;智慧,则是了解何者为正确。亦即是非的判断。换言之,如果将知识喻为工具,智慧则是使用工具的人。我们在增加知识的同时,也应该更进一步地提升和磨炼运用知识的智慧。如此,才能创建一条舒适美好的生活大道。

—— 松下幸之助

天才是百分之一的灵感加百分之九十九的汗水,但那百分之一的灵感是最重要的,甚至比百分之九十九的汗水都重要。

—— 爱迪生

3. 办智慧之事

智慧有三果：一是思考周到，二是语言得当，三是行为公正。

—— 德谟克利特

智慧给我们带来了困扰，但愚昧并不能医治困扰。只有更多的、更圣哲的智慧才能创造更美好的世界。

—— 爱因斯坦

智慧的纪念碑比权力的纪念碑存在得更长久。

—— 培根

七十七、兴趣

1. 好奇是兴趣的萌芽

人生快事莫如趣。而且凡在学问上有成就的，都同趣字得来。所有科学的进步，都在乎这好奇心。好奇心就是兴趣。科学发明就是靠这个趣字而已。哥伦布发现新大陆，科学家发现声光化电，都是穷理至尽求知趣味使然的。

——林语堂

要从事科学研究，首先要有科学兴趣，再加上穷追不舍的好奇心。

——丁肇中

思维从惊讶和问题开始。

——亚里士多德

好奇的目光常常可以看到比它希望看到的更多的东西。

——莱辛

知识是一种快乐，而好奇是学习知识的萌芽。

——培根

好奇心造就科学家和诗人。

——法朗士

2. 兴趣是学问的老师

知之者不如好之者，好之者不如乐之者。

——孔子

要想知道将来应该做些什么事，必须先问问自己的兴趣是在什么地方。我们可以这样说：一个人如果对某一件事情感兴趣，那么那件事和他的性情一定是很近的，也必是他想要的。

—— 冯友兰

我认为对于一切学问，兴趣是最好的老师。

—— 爱因斯坦

学问必须合乎自己的兴趣，方可得益。

—— 莎士比亚

学习的最大动力，是对学习材料的兴趣。

—— 布卢姆

哪里没有兴趣，哪里就没有记忆。

—— 歌德

3. 兴趣是成功的钥匙

成功的真正秘诀是兴趣。

—— 杨振宁

兴趣能使人们的注意力高度集中，从而使得人们能完善地完成自己的工作。

—— 郭沫若

在任何行业中，走向成功的第一步，是对它产生兴趣。

—— 威廉·奥斯勒

志趣常常是成功的钥匙。

—— 哥白尼

当一个人知道自己想要什么时，整个世界将为之让路。生活最高的奖赏，人生最大的幸运，就是有一种与生俱来的强烈爱好，使你在追求中赢得事业和幸福。

——爱默生

兴趣是生长中的能力的信号和象征，兴趣显示着最初出现的能力。

——杜威

我认为做一个经营者有一个不可或缺的条件，那就是有经营兴趣。

——比尔·盖茨

一个有勃勃生机与广泛兴趣的人，可以战胜一切不幸。

——罗素

七十八、实践

1. 理论是灰色的

　　我不愿意，也不能够像他们一样，去旁征博引古人的著作：我依靠那比书籍更真实的东西，依靠经验，它是一切教师的教师。

——达·芬奇

　　智慧只是理论而不付诸实践，犹如一朵重瓣的玫瑰，虽然花色艳丽，香味馥郁，凋谢了却没有种子。

——叔本华

　　光有知识是不够的，还应当运用；光有愿望是不够的，还应当行动。

——歌德

　　现实是此岸，理想是彼岸，中间隔着湍急的河流，行动则是架在川上的桥梁。

——克雷洛夫

2. 实践之树常青

　　非知之难，行之惟难；非行之难，终之斯难。

——吴兢

　　生活、实践的观点应当是认识论的首要的和基本的观点。

——列宁

凡是普遍的或精神的认识都仅以特殊的事实，亦即以可感觉的事实为其实践基础。

—— 狄慈根

社会生活在本质上是实践的。凡是把理论导致神秘的东西，都能在人的实践中以及对这个实践的理解中得到合理的解决。

—— 马克思

我不应把我的作品全归功于自己的智慧，还应归功于我以外的、向我提供素材的成千上万的事物和人物。

—— 歌德

预测未来最好的方法就是把它创造出来。

—— 尼葛洛庞蒂

3. 人是自己行动的结果

想不付出任何代价而得到幸福，那是神话。

—— 徐特立

行动吧，在行动的过程中就形成了自身，人是自己行动的结果，此外什么都不是。

—— 萨特

人的一生就是这样，先把人生变成一个科学的梦，然后再把梦想变现实。

—— 莫里哀

真正的人生，只有经过艰苦卓绝的斗争之后才能实现。

—— 塞涅卡

完美的人格，高尚的品德，是从实际生活锻炼出来的。

——叔本华

如果能追随理想而生活，本着正直自由的精神，勇往直前的毅力，诚实不自欺的思想而行，则定能臻于至美至善的境地。

——居里夫人

七十九、自由

1. 自由是人的美好天性

"自由"在中国古文里的意思是"由于自己",就是不由于外力,是"自己做主"。

——胡适

我们如果有能力按照自己心里的选择,想起或放弃任何一种思想,我们便有自由。

——洛克

自由永远是人类生命中象征美好的花朵。

——罗素

生命诚可贵,爱情价更高。若为自由故,二者皆可抛。

——裴多菲

自由是上天赐予人们的最高贵的礼品,其价值超过一切贮藏于地球之中和大海之下的宝藏。人们应像维护荣誉一样维护自由,因为没有自由,生命就失去了支柱。

——塞万提斯

人生下来不是为了拖着锁链,而是为了展开双翼。

——雨果

自由之于人类,就像亮光之于眼睛,空气之于肺腑,爱情之于心灵。

——英格索尔

自由向来是一切财富中最昂贵的财富。

——罗曼·曼兰

世界上最美好的事物是言论自由。

——第欧根尼

我们可以拿走人的任何东西，但有一样东西不行，这就是在特定环境下选择自己的生活态度的自由。

——弗兰克

人的自由并不仅仅在于做他愿意做的事，而在于永远不做他不愿意做的事。

——卢梭

人人都希望他的内心生活中有一个不容许任何人钻进来的角落，正如人人都希望有一个自己独用的房间。

——车尔尼雪夫斯基

只有在自由的社会中，人才能有所发明，并且创造出文化价值，使现代人生活得更有意义。

——爱因斯坦

归根到底，自由之所以重要，是因为它是发挥个人潜力和促进社会发展的条件。没有光明，人就会死亡。没有自由，光明就会暗淡，黑暗就会笼罩大地。

——杜威

共产主义是一个更高级的，以每一个人的全面而自由的发展为基本原则的社会。人以一种全面的方式，也就是说，作为一个完整的人，占有自己的全面的本质。

——马克思

2. 自由是对必然的认识和世界的改造

自由是对必然的认识和世界的改造。

——毛泽东

意志自由只是借助对事物的认识来做出决定的那种能力。自由不在于幻想中摆脱自然规律而独立，而在于认识这些规律，从而能够有计划地使自然规律为一定的目的服务。

——恩格斯

自由是对必然的认识。自由并不排除行动的必然性，反而以这种必然性为前提。

——斯宾诺莎

自由与必然是相容的。比如水顺着河道往下流，非但是有自由，而且也有必然性存在于其中。

——霍布斯

如果我们能说他是自由的，那就是使必然和自由合二为一了。

——洛克

自由不外是听从理性、健康、幸福和良心的呼声而反对非理性情感愿望的能力。

——弗洛姆

理智若无自由是毫无用处的，而自由若无理智则是毫无意义的。

——莱布尼茨

无知者是不自由的，因为和他对立的是一个陌生的世界。

——黑格尔

3. 自由是做法律许可的事的权利

　　为了维护自由，必须规定自由的边界。"自由"永远与"不自由"相互依存。"不自由"存在于自由规定的界外，而自由存在于不应保护的"不自由"的界内。无界限的绝对的自由是不可能的。正如恩格斯说的，任何一个人的愿望都会受到任何另外一个人的妨碍。在社会生活中，每个人都必须放弃自己一部分自由，才可以各自获得不自由中的自由。

——陈先达

　　在一个国家里，也就是说在一个有法律的社会中，自由只能在于能够去做应当想做的事，而不被迫去做不应当想做的事。自由就是做一切法律许可的事的权利。如果一个公民去做法律禁止的事，那就不再有自由了，因为别的人也同样可以有这种权力。

——孟德斯鸠

　　法律就是人民自由的圣经。

——马克思

　　人是生而自由的，但却无处不在枷锁中。自以为是其他一切的主人的人，反而比其他一切人更奴隶。

——卢梭

　　只要有行动的自由，也就有限制行动的自由。

——亚里士多德

　　一个人只要宣称自己是自由的，就会同时感到他是受约束的。如果他敢于宣称自己是受约束的，他就会感到自己是自由的。

——歌德

　　个人的自由必须制约于这样一个限度内，即必须不使自己有碍于他人。

——密尔

4. 自由以责任为前提

在社会生活中，任何自由都与责任相关。自由主体也是责任主体。不承担责任，不应享有自由；不享有自由，则不能追究责任。

——陈先达

自由意味着责任，这就是为什么大多数人都畏怕它的缘故。

——萧伯纳

一个有德行的人自己意识着他的行为内容的必然性和自在自为的义务性。由于这样，他不但不感到他的自由受到了妨碍，而且可以说，正由于有了这种必然性与义务性的意识，他才首先达到真正内容充实的自由，有别于从刚愎任性而来的空无内容的和单纯可能性的自由。

——黑格尔

我只愿做我愿做的事，让别人也做他们愿做的事吧；我不愿意向任何人要求什么，我不愿妨碍任何人的自由，我自己也愿意自由。

——车尔尼雪夫斯基

我们这样要求自由时，发现我们的自由完全系于别人的自由，别人的自由也完全系于我们的自由。我要把自由当作我的目的，就只有把别人的自由也同样当作我的目的。

——萨特

在设计我们的道路时，一定不要妨碍别人的道路。

——达·芬奇

八十、人才

1. 世有贤才，国之宝也

称国之宝，谷米与贤才。

——白居易

为政之要，惟在得人。

——李世民

天下之要，人才而已。

——平步青

盖有非常之功，必待非常之人。

——刘彻

夫运筹帷幄之中，决胜千里之外，吾不如子房；镇国家、抚百姓，给饷馈，不绝粮道，吾不如萧何；连百万之众，战必胜，攻必取，吾不如韩信。诸皆人杰，吾能用之，此吾所以取天下者也。

——刘邦

富民之本在得人。

——司马光

得贤杰而天下治，失贤杰者而天下乱。

——范仲淹

古之圣王，恒汲汲于求贤。盖贤才不备不足以治。鸿鹄之能远举者，为其有羽翼也，蛟龙之能腾跃者，为其有鳞鬣也，人君之能致治者，为有其贤人而为之辅也。

——朱元璋

人才是世界上所有最宝贵的资本中最有决定意义的资本。

——斯大林

人才是利润最高的商品，能够经营好人才的企业才是最终的大赢家。

——柳传志

所有成功的日本公司的成功之道和它秘不传人的法宝，既不是什么理论，也不是什么计划和政策，而靠的是人。以人为本，对任何一个企业管理者来说，都是成功关键之所在。

——盛田昭夫

2. 人尽其才，赏罚分明

任贤，使能，赏功，罚罪——医国四君子汤。

——陆九渊

选贤于野，则治身业弘；求士于朝，则饰智风起。

——沈约

我劝天公重抖擞，不拘一格降人才。

——龚自珍

宰相必起于州郡，猛将必发于卒伍。

——韩非子

为官择人，唯才是用。苟或不才，虽亲不用。

——司马光

不知人之短，不知人之长，不知人长中之短，不知人短中之长，则不可以用人，不可以教人。

——魏源

任人之长，不强其短；任人之工，不强其拙。

——晏子

计功而行赏，程能而授事，察端而观失，有过者罪，有能者得，故愚者不任事。

——韩非子

世有伯乐，然后有千里马。千里马常有，而伯乐不常有。故虽有名马，祗辱于奴隶人之手，骈死于槽枥之间，不以千里称也。

——韩愈

3. 德才兼备，以德为先

才者，德之资也；德者，才之帅也。

——司马光

才德全尽谓之"圣人"，才德兼亡谓之"愚人"，德胜才谓之"君子"，才胜德谓之"小人"。凡取人之术，苟不得圣人、君子而与之，与其得小人，不若得愚人。

——司马光

以德服人，天下欣戴，以力服人，天下怨望。

——范仲淹

先为人，次为艺术家，再为音乐家，终为钢琴家。

——《傅雷家书》

我始终认为弄学问也好，弄艺术也好，顶要紧的是人，要把一个"人"尽量发展，没有成为某某家之前，先要学做人；否则那种某某家无论如何高明也不会对人类有多大贡献。

——《傅雷家书》

4. 成才有道，顺应而为

勤能补拙是古训，一分辛勤一份才。

—— 华罗庚

人有着自己的成长时期，教育工作不与之相适合，也就会阻碍人本身的一切发展。

—— 别林斯基

懒于思索，不愿意钻研和深入理解，自满和或满足于微不足道的知识，都是智力贫乏的原因。这种贫乏通常用一个词来称呼，这就是"愚蠢"。

—— 高尔基

一个人是否能够成才，只能决定于自己。具体地说，决定于自己的志趣、理想和执着的精神。大学生成才最重要的是要培育和强化决定成才的五个重要素质：酷爱读书，立学以读书为本；善于自学是成才的关键；超强的记忆力是成才的基础；文理兼修、以博取胜；悟性是学习的最高境界。

—— 刘道玉

八十一、卓越

1. 人有无穷的潜能

一般人的心智能力使用率不超过 10%，大部分人不太了解自己还有什么才能。与我们应该取得的成就相比，其实我们还有一半以上是未醒着。我们只运用了身心资源的一小部分。人往往都活在自己所设的限制中，我们拥有各式各样的资源，却常常不能成功地运用它们。

——威廉·詹姆斯

多数人都拥有自己不了解的能力和机会，都有可能做到未曾梦想的事情。

——戴尔·卡耐基

2. 人要争取把每一件都做得精彩绝伦

盖世必有非常之人，然后有非常之事；有非常之事，然后有非常之功。

——司马相如

盖有非常之功，必待非常之人。

——刘彻

人生就算是做梦，也要做一个像样的梦。

——胡适

我们自古以来，就有埋头苦干的人，有拼命硬干的人，有为民请命的人，有舍身求法的人。这就是中国的脊梁。

——鲁迅

学问的气象，如释迦之说法，霁月之在天，庄严恢宏，清远雅正。不强服人而人自服，毋庸标榜而下自成蹊。

——袁行霈

　　不简单，就是将简单的事做千遍万遍做好；不容易，就是将简单的事做千遍万遍做对。

——张瑞敏

　　人这一辈子没法做太多的事情，所以每一件都要做得精彩绝伦。

——乔布斯

　　生命不可能有两次，但是许多人连一次也不善于度过。

——吕凯特

3. 人要把上升势能作为信仰和寄托

　　不因幸运而故步自封，不因厄运而一蹶不振。真正的强者善于从顺境中找到阴影，从逆境中找到光亮，时时校准自己前进的目标。

——易卜生

　　卓越的人一大优点是：在不利与艰难的遭遇里百折不挠。

——贝尔

　　对于那些在一生中永远感到渴望的人，渴望着征服的人，人生就是这样：专注于攫取更多的领地，得到更宽阔的视野，更充分的经验。他们是不知足的，不可测的，强有力。他们保持着青年的全部特征：爱冒险，爱生活，爱争斗，精力充沛，头脑活跃，无论他们多么年老，到死也是年轻的。好像鲑鱼沿着激流，他们天赋的本性就是迎向岁月的激流。

——格奥尔格·勃兰兑斯

　　如果你不能飞，那就奔跑；如果不能奔跑，那就行走；如果不能行走，那就爬行；但无论你做什么，都要保持前行的方向。

——马丁·路德·金

　　优于别人，并不高贵。真正的高贵，应该是优于过去的自己。

——海明威

第六篇 生活

　　人最宝贵的东西是什么？是生活，因为我们的一切欢乐，我们的一切幸福，我们的一切希望都和生活联系在一起。
　　　　　　　　——车尔尼雪夫斯基

　　生活，就是理解。生活，就是面对现实微笑，就是越过障碍注视未来。生活，就是自己身上有一架天平，在那上面衡量善与恶。生活就是有正义感、有真理、有理智，就是始终不渝、诚实不欺、表里如一、心智纯正，并且对权利与义务同等重视。生活，就是知道自己的价值，自己所能做到的与自己所应该做到的。生活，就是理智。
　　　　　　　　——雨果

八十二、需要

1. 需要是人的本性

人生之目的是"生","生"之要素是活动。活动之原动力是欲。人皆有欲,皆求满足其欲。种种活动,皆由此起。

—— 冯友兰

需要源于有生体之机构,需要满足,则机构调适。快乐即机构之得适当的舒施而不受阻碍。机构得适度的舒展,是即享受,享受是生之自觉之一种。需要不得满足,机构受阻制而不得舒展,乃觉痛苦。

—— 张岱年

他们的需要即他们的本性。

—— 马克思

任何人如果不同时为了自己的某种需要和为了这种需要的器官而做事,他就什么也不能做。

—— 马克思

人,从本性上说既不善也不恶。那些为我们人类所固有的、为我们本性所特具的、作为有感觉的生物的特色的感情,归结起来,全都是对安乐的向往,对于痛苦的畏惧。这些感情本身既不善,也不恶,既不可褒,也不可贬。它们之所以成为如此,只是由于人们对他们的使用:当它们给我们带来我们自己的幸福以及我们同类的幸福时,它们就是可嘉的;当这些同样的感情并不给我们带来幸福,而使我们自己或者我们的同伴痛苦时,它们就是有害的、值得蔑视和憎恨的。

—— 霍尔巴赫

哲学起于怀疑，宗教起于信仰，怀疑与信仰，都是应生活需要而来的。

——陶行知

如果一个人所有的愿望都得到了满足，对于这个人是不好的。

——赫拉克利特

在我们的生命当中，有两件事是我们所要追求的：第一件事就是努力去得到你想要的，第二件事是如何在得到之后好好地去享受它。但是，只有最聪明的人做到了后者。

——罗根·皮尔索·史密斯

2.人的需要有层次

人性所必需的是，当我们的物质需要得到满足之后，我们就会沿着归属需要（包括群体归属感、友爱、手足之情）、爱情与亲情的需要、取得成就带来尊严与自尊的需要、直到自我实现以及形成并表达我们独一无二的个性的需要这一阶梯上升。

——马斯洛

理想的人物不仅要在物质需要的满足上，还要在精神旨趣的满足上得到表现。

——黑格尔

对爱情的渴望，对知识的追求，对人类苦难不可遏制的同情心，这三种简单而又强烈的感情支配了我的一生。

——罗素

人类本质里最殷切的需求是渴望被人肯定。

——威廉·詹姆斯

人类本质里最深远的驱动力就是"希望具有重要性"。

——约翰·杜威

3. 欲望不可放任

欲虽不可去,求可节也。

——荀子

罪莫大于可欲;祸莫大于不知足;咎莫大于欲得。故知足之足,常足矣。

——老子

欲而不知止,失其所以欲;有而不知足,失其所以有。

——司马迁

欲望是匮乏的根源,他无限的欲望将为他准备着永远的匮乏。

——卢梭

你若寻求财富,不如寻求满足,满足是最好的财富。

——萨迪

知足使贫穷的人富有,而贪婪使富足的人贫穷。

——本杰明·富兰克林

上帝给了人们有限的力量但却给了人们无限的欲望。

——大仲马

我们的欲望蔑视和无视已经到手的东西,而会追逐没有的东西。

——蒙田

八十三、利益

1. 天下熙攘，为利来往

天下熙熙，皆为利来；天下攘攘，皆为利往。

—— 司马迁

饥而求食，劳而求逸，苦则索乐，辱则求荣，此民之情也。

—— 商鞅

人非饮食不生，国非食货不立。

—— 脱脱

三千年读史，不外功名利禄；九万里悟道，终归诗酒田园。

—— 南怀瑾

人们奋斗所争取的一切，都同他们的利益有关。

—— 马克思

每一个社会的经济关系首先是作为利益表现出来的。

—— 恩格斯

几何公理要是触犯了人们的利益，那也一定会遭到反驳的。

—— 列宁

没有永远的朋友，也没有永远的敌人，只有永远的利益。

—— 丘吉尔

财产权是一切公民权中最神圣的权利，并且是在某些方面比自由本身更为重要的东西。

—— 卢梭

2. 治国之道，必先富民

无恒产而有恒心者，惟士为能。若民，则无恒产，因无恒心。苟无恒心，放辟邪侈，无不为已。

—— 孟子

治国之道，必先富民，民富则易治也，民贫则难治也。

—— 管子

生财有道，生之者众，食之者寡，为之者疾，用之者舒。

—— 曾子

易其田畴，薄其税收，民可使富也。

—— 孟子

仓廪实则知礼节，衣食足则知荣辱。

—— 管子

人必先富而后教，必先厚生而后王德。

—— 康有为

为国者以富民为本，以正学为基。民富乃可教，学正乃得义；民贫则背善，学淫则诈伪。

—— 王符

革命的目的，是为众生谋幸福。

—— 孙中山

3. 正当谋取，慷慨使用

富与贵，是人之所欲也，不以其道得之，不处也。贫与贱，是人之所恶也，颠沛其道得之，不去也。

—— 孔子

我们爱好美丽的东西，但是没有因此而至于奢侈；爱好智慧，但是没有因此而至于柔弱。把财富当作可以适当利用的东西，而没有把它当作可以自己夸耀的东西。至于贫穷，谁也不必以承认自己的贫穷为耻；真正的耻辱是不择手段以避免贫穷。

—— 修昔底德

财富应当用正当的手段去谋取，应当慎重地使用，应当慷慨地用以济世，而到临死应当无留恋地与之分手。

—— 培根

财富把人变成了奴隶。人的全部精力和体力都是在聚敛财富中消耗的，甚至在弥留之际还担心死后财产的处置。我们人类是为财而生，为财而死的。

—— 普列姆昌德

八十四、名誉

1. 名誉最宝贵

利之所在民归之,名之所彰士死之。

——韩非子

人生富贵驹过隙,惟有誉名寿金石。

——顾炎武

人过留名,雁过留声。

——文康

品行是一个人的内在,名誉是一个人的外貌。

——莎士比亚

名誉比生命宝贵。

——莫里哀

生命,是每一个人所重视的;可是高贵的人重视荣誉远过于生命。

——莎士比亚

夺取我的荣誉,也就夺取了我的生命。

——托·富勒

人的美德的荣誉比他财富的荣誉不知大多少倍。

——达·芬奇

人有一个好名声，就等于拥有一大笔财产。

——托·富勒

无论男人女人，名誉是他们灵魂里面最切身的珍宝。能否获得称赞或获得多少称赞，常被认作衡量一个人才华、品德的标尺。

——培根

我们的一切事业都只趋向于两个目的：为了自己生活的安乐和在众人中受到尊敬。

——卢梭

2. 荣誉是人向前的动力

仁则荣，不仁则辱。

——孟子

荣誉有着巨大的鞭策力。

——奥维德

内心的荣誉感是引导我们向前的动力。

——武者小路实笃

荣誉使艺术盛兴，一切有志于钻研的人，无不受着荣誉感的激励。

——西塞罗

人们给予我们的赞扬，至少有助于我们执着于德性的实践。

——拉罗什福科

荣誉推动着政治机体的各个部分，它用自己的作用把各部分连结起来。这样当每个人自以为是奔向个人利益的时候，就走向了公共利益。

——孟德斯鸠

3. 名为公器勿多取

名之与实，犹形之与影也。德艺周厚，则名必善焉；容色姝丽，则影必美焉。今不修身而求令名于世者，犹貌甚恶而责妍影于镜也。上士忘名，中士立名，下士窃名。忘名者，体道合德，享鬼神之福祐，非所以求名也；立名者，修身慎行，惧荣观之不显，非所以让名也；窃名者，厚貌深奸，干浮华之虚称，非所以得名也。

—— 颜之推

名，公器也，不可多取。仁义，先王之蘧庐也，止可以一宿，而不可久处。

—— 庄子

名为公器无多取，利是身灾合少求。

—— 白居易

凡名利之地退一步便安稳，只管向前便危险。

—— 朱子

荣誉的光环尽管让人很受用，却也是具有重量的人生包袱，一个人只要背上它，游泳肯定游不远，登山肯定登不高。因此，我开始经常提醒自己，人生的路上你得经常将自己归零。

—— 卢新华

关于荣誉和耻辱，中庸者是适当的自尊，过分者是一种"虚荣"，不足者是太自卑。

—— 亚里士多德

4. 不为虚名所累

举世誉之而不加劝，举世毁之而不加沮。

—— 庄子

不为轩冕肆志，不为穷约趋势，其乐彼与此同，故无忧而已矣。

—— 庄子

闻过则喜。

——子路

不戚戚于贫贱,不汲汲于富贵。

——陶渊明

利关不破,得失惊之;名关不破,毁誉动之。

——弘一大师

名次和荣誉,就像天上的云,不能躺进去,躺进去就跌下来了。

——俞敏洪

虚荣是灾祸的根源。

——伊索

八十五、目标

1. 目标是人生的罗盘

没有目标的生活,恰如没有罗盘而航行。

—— 康德

人生重要的事情就是确定一个伟大的目标,并决心实现它。

—— 歌德

没有意图,就没有机会,因为只有在有意图构想的情况下,"机会"这个词才有意义。

—— 尼采

目标有价值,生活才有价值。

—— 黑格尔

2. 崇高的目标使人生具有意义

人生的目的,在于发展自己的生命。可是也有为发展必须牺牲生命的时候,因为平凡的发展,有时不如壮烈的牺牲足以延长生命的音响和光华。绝美的风景、悲凉的韵调、高尚的生活,常在壮烈的牺牲中。

—— 李大钊

生活的意义寓于美和追求生活目标的力量,而且应当使生活的每一时辰都有崇高的目的。

—— 高尔基

人生的真正的欢乐是致力于一个自己认为是伟大的目标。

—— 萧伯纳

生活的目的就是自我发展。

—— 奥斯卡·王尔德

如果我们生活的全部目的仅在于我们个人的幸福，而我们个人的幸福又仅仅在于一个爱情，那么生活就变成一片遍布荒冢枯冢和破碎心灵的真正阴暗的荒原，变成一座可怕的地狱。

—— 别林斯基

3. 目标的价值在于实现

不耻最后。即使慢，驰而不息，纵令落后，纵令失败，但一定可以达到他向望的目标。

—— 鲁迅

告诉你使我达到目标的奥秘吧，我唯一的力量就是我的坚持精神。

—— 巴斯德

为了高尚的目标，多大的代价我也愿付出。

—— 罗曼·罗兰

一个崇高的目标，只要不渝地追求，就会成为壮举。

—— 华兹华斯

我们已经走得太远，以至于忘了为什么出发。

—— 纪伯伦

八十六、婚姻

1. 婚姻以爱情为基础

白居易写道:"相思始觉海非深"到了这个时候我才知道,海并不深,怀念一个人比海还要深。

——饶平如

爱情似花朵,结婚是它的果实。结婚是神圣的命名。一个男人把一个女人叫作妻子,一个女人把一个男人叫作丈夫,这不仅仅是一个法律行为,而且是一个神圣行为,是在上帝面前的互相确认。爱情是两颗心灵之间不断互相追求和吸引的过程,这个过程不应该因为结婚而终结。

——周国平

如果说只有以爱情为基础的婚姻才是合乎道德的,那么也只有继续保持爱情的婚姻才是合乎道德的。

——恩格斯

2. 美满的婚姻是人生最大的幸福

以爱情为基础的婚姻,乃是人间无可比拟的幸福。

——梁实秋

美满姻缘是生活中甜蜜的联合,充满坚贞、忠诚,以及难以计数的有益和牢靠的帮助及相互间的义务。

——蒙田

人生最大的幸福是美满的婚姻,不幸的婚姻无异于活着下地狱。

——奥斯瓦尔德·施瓦茨

3. 婚姻是人成长的最好机会

婚姻犹如一艘雕刻的船,看你怎样去欣赏它,又怎样去驾驭它。

—— 林语堂

在浩瀚人海中,没有一个完全的女人,同样也没有一个完全的男人,两个不完全的人结合在一起就是婚姻。所以,结婚的目的应当是生活向完全的境界迈进。

—— 藤本义一

爱情的意义在于帮助对方提高,同时也提高自己。唯有那因为爱而变得思想明澈、双手矫健的人才算爱着。

—— 车尔尼雪夫斯基

八十七、爱情

1. 爱是最深的喜欢

最深的喜欢,就是爱,就是生命内里的粘附和吸引,就是灵魂深处的执着相守与深情对望。这是一场诡秘而又盛大的私人化进程。私人化的意思就是,即使无比错误也无限正确。

——莫言

历尽人间沧桑,阅遍各色理论,我发现自己到头来信奉的仍是古典爱情的范式:真正的真情必是忠贞专一的。惦着一个人并被这个人惦着,心里便有了着落,这样活得多么踏实。与这种相依为命的伴侣之情相比,一切风流韵事都显得何其虚飘。

——周国平

你的来信如同续命汤一样,今天我算是活过来了,但明天又要死去四分之一,后天又将成为半死半活的状态,再后天死去四分之三,再后天死去八分之七等等,直到你再来信。

——朱生豪

眉眉,这怎好?我有你什么都不要了。文章、事业、荣耀,我都不要了。诗、美术、哲学,我都想丢了。有你我什么都有了,还有什么缺陷,还有什么想望的余地?

——徐志摩

喜欢一个人,是不会有痛苦的。爱一个人,才会有绵长的痛苦;但是,他给的快乐,也是世界上最大的快乐。

——张小娴

我珍惜爱情给我的痛苦与折磨,即使死,我也要爱着死去!

——亚历山大·谢尔盖耶维奇·普希金

爱情需要薄薄的一层忧伤，需要一点嫉妒、疑虑、戏剧性的游戏。

—— 瓦西列夫

2. 爱情使人完美

了解爱情的人往往会因为爱情的升华而坚定他们向上的意志和进取精神。

—— 培根

电光一闪即逝，而爱情之光能照耀人的一生。

—— 苏霍姆林斯基

我常常感到爱情是我身上最美好的东西，我的一切美德都是由此而来。是爱情使我超过我自己。要是没有你，我会重新落到我那平庸天性的可怜的水平上。正由于我抱着与你相见的希望，我才永远认为最崎岖的路是最好的路。

—— 纪德

爱情是生活中的火花，友谊的升华，心灵的吻合。爱情不是用眼睛，而是用心灵看着的。

—— 莎士比亚

我认为，男人有两次诞生。开始是母亲生他，然后他必须从他爱的女人那里得到再生。

—— 劳伦斯

爱是生命的火焰，没有它，一切变成黑夜。

—— 罗曼·罗兰

3. 爱就是奉献

一生至少该有一次，为了某人而忘了自己，不求有结果，不求同行，不求曾经拥有，甚至不求你爱我，只求在我最美的年华里，遇到了你。

—— 徐志摩

真正的爱情不是利己的,而应该是利他的。

——路遥

爱是一种奉献的激情,爱一个人,就会遏制不住地想为她(他)做点什么,想使她愉快,而且是不求回报的。爱者的快乐就在这奉献之中,在他创造的被爱者的快乐之中。

——周国平

呵,生命是无所不在的,爱也无所不在。我有生命,我也有爱。我有旺盛的生命,我有固执的爱情。我用我的爱情,滋育我的生命的树,使它在大地间矗立,不怕大风雨的摇撼。让它满身流着血,全是伤,只要它能托住天的一角,不使荫蔽在它下面的蒙受些微的损伤。为了他人的生命,我要生命;为了他人的爱情,我要爱情。爱使生命丰富,爱使一个生命联起又一个生命。

——靳以

如果爱一个人,那就爱整个的他,实事求是地照他本来的面目去爱他,而不是脱离实际希望他这样那样的。

——列夫·托尔斯泰

爱不是将对方理想化,每一个货真价实的情人都谈道,假如你真的爱一个人,你不会理想化他。爱意味着,你接受某个人的失败、愚蠢,然后这个人对你来说依然是绝对的。这人令你觉得,人生值得活下去。你在不完美中看到了完美,这就是我们爱这个世界的方式。

——齐泽克

人并不是因为美丽才可爱,而是因为可爱才美丽。

——托尔斯泰

所有陷入情网的人,爱的不是真实的对象,而是心中虚构的对象,是自己的感觉本身。

——普鲁斯特

4. 爱情是一条流动的河

　　爱情不是人生中一个凝固的点，而是一条流动的河。爱情不论短暂或长久，都是美好的。甚至陌生异性之间毫无结果的好感，定睛的一瞥，朦胧的激动，莫名的惆怅，也是美好的。因为，能够感受这一切的那颗心毕竟是年轻的。生活中若没有邂逅以及对邂逅的期待，未免太乏味了。人生魅力的前提之一是，新的爱情的可能性始终向你敞开着，哪怕你并不去实现它们。如果爱情的天空注定不再有新的云朵飘过，异性世界对你不再有任何新的诱惑，人生岂不太乏味了。

—— 周国平

　　如若相爱，便携手到老；如若错过，便护他安好。

—— 村上春树

八十八、亲情

1. 亲情是人间最珍贵的感情

父兮生我,母兮鞠我。抚我畜我,长我育我。顾我复我,出入腹我。欲报之德,昊天罔极!

—— 《诗经·小雅·蓼莪》

父慈而教,子孝而箴,兄爱而友,弟敬而顺,夫和而义,妻柔而正,姑慈而从,妇听而婉,礼之善物也。

—— 左丘明

慈母手中线,游子身上衣。临行密密缝,意恐迟迟归。谁言寸草心,报得三春晖。

—— 孟郊

爱子心无尽,归家喜及辰。寒衣针线密,家信墨痕新。见面怜清瘦,呼儿问苦辛。低徊愧人子,不敢叹风尘。

—— 蒋士铨

从理论上说,亲子之爱和性爱都植根于人的生物性:亲子之爱为血缘本能,性爱为性欲。但血缘关系是一成不变的,性欲对象却是可以转移的。也许因为这个原因,亲子之爱要稳定和专一得多。

—— 周国平

2. 爱往下走

人的爱是下倾的,故父母爱子女一定超过子女爱父母。

—— 柏杨

我对你的爱，是我生命里的每一次呼吸，每一个微笑，每一滴泪水，如果上帝允许，我只会更加爱你！这就是天下父母心。

―― 池莉

　　母爱是伟大而崇高的，母爱是从怀胎之时就产生的，母爱的责任并不是将孩子生下来就结束了，孩子的降生预示着更深的母爱阶段的开始。

―― 穆尼尔·纳索夫

　　母亲的心是儿女的天堂。

―― 柯罗里

　　世界上有一种最美的声音，那便是母亲的呼唤。

―― 但丁

　　只有爱妈妈，才能爱祖国。

―― 苏霍姆林斯基

3. 百善孝为先

　　百善孝为先。夫孝，德之本也，教之所由生也。

―― 孔子

　　夫孝，天之经也，地之义也，民之行也。

―― 孔子

　　孝子之事亲也，居则致其敬，养则致其乐，病则致其忧，丧则致其哀，祭则致其严。五者备矣，然后能事亲。

―― 孔子

　　弟子入则孝，出则悌，谨而信，泛爱众而亲仁。

―― 孔子

生,事之以礼;死,葬之以礼,祭之以礼。今之孝者,是谓能养。至于犬马,皆能有养;不敬,何以别乎?

——孔子

树欲静而风不止,子欲养而亲不待。

——孔子

人人亲其亲、长其长,而天下平。

——孟子

子孝双亲乐,家和万事成。

——范立本

事父母之道,一言以蔽之,则曰孝。亲之爱子,虽禽兽犹或能之,而子之孝亲,则独见之于人类。故孝者,即人之所以为人者也。

——蔡元培

对于老妈和老爸,到了这个阶段,养亲以讨欢心为本。不要希望按照自己的价值观改变他们,你的胜算很小,你的价值观不一定就全对。要顺应,要放下自尊。你如果真担心他们,就多陪陪他们,把他们当小孩儿,哄哄,再过几年,你想陪,他们不一定在人世。

——冯唐

天下最不能等待的事情莫过于孝敬父母。

——比尔·盖茨

世界上没有贫穷的母亲,没有丑陋的母亲,没有老迈的母亲。

——梅特林克

八十九、父子

1. 世代相传使人得以永生

父生，观其志；父没，观其行；三年无改于父道，可谓孝矣。

——孔子

秋风萧飒兮白露零，汝坟何在兮何草为青。昨秋此日兮犹冀汝生，洒墨我别兮人间父子之情。

——罗椅

我不知道自己一生的意义何在，希望至少有一点，为你的一生打个前站。你一定要有自己的孩子，我们都不在了的时候好陪伴你。爷爷和大大在的时候我和他们很疏远，他们走了我很孤单。

——王朔《致女儿书》

一代又一代，代代相传，你死之后你的子子孙孙自会传接下去。那就是永生的意义。

——汉姆生

现代人身上总有祖先的种种烙印。

——勒南

一代人眼中的新奇往往只是重新复活的上一代的时髦。

——爱默生

2. 父母是孩子的第一所学校

大风化者,自上而行于下也,自先而施于后也。是以父不慈则子不孝,兄不友则弟不恭,夫不义则妇不顺。

——颜之推

从私塾到小学,到中学,我经历过起码有二十位教师吧,其中有给我很大影响的,也有毫无影响的,但是我的真正的教师,把性格传给我的,是我的母亲。母亲并不识字,她给我的是生命的教育。生命是母亲给我的。我之能长大成人,是母亲的血汗灌养的。我之所以能成为一个不十分坏的人,是母亲感化的。我的性格,习惯,是母亲传给的。

——老舍

亲子之爱是孩子最早的爱的课堂,孩子一定会以爱回应爱,并且由爱父母而学会了爱一切善待他的人。一个人如果在童年时代缺乏被爱的爱,日后在其他各种爱的形态上就很容易产生障碍。

——周国平

母亲是第一个影响她子女职业兴趣发展的人。

——阿德勒

没有无私的,自我牺牲的母爱的帮助,孩子的心灵将是一片荒漠。

——狄更斯

如果父母有威信,对人诚恳,行为高尚,那么儿童就能从他们的榜样中获得最起码的关于忠实的道德观念。

——苏霍姆林斯基

优秀和明智的父亲总是以社会对孩子的要求去要求自己的儿女。

——杜威

3. 要学会做父母

为人子，止于孝；为人父，止于慈。

——曾子

为人父而不明父子之义以教其子而整齐之，则子不知为人子之道以事其父矣。故曰：父不父，则子不子。

——管子

做家长的最高境界是成为孩子的知心朋友。父母与孩子之间要有朋友式的讨论和交流的氛围。正是在这种氛围里，孩子便能够逐渐养成基于爱和自信的独立精神，从而健康地成长。在这一点上，中国的家长相当可怜，一面是孩子的主子、上司，另一面是孩子的奴仆、下属，始终找不到和孩子平等相处的位置。因此，做父母意味着人生向你提出了一个要求：必须提高你自己的素质。

——周国平

我觉得，衡量爸妈是否合格，就看孩子在成长过程中，遇到任何事是不是第一时间跟爸妈讲。

——郑渊洁

父亲的成就是儿子最大的荣耀；儿子的善行是父母最大的骄傲。

——索福克勒斯

父母对自己的子女爱得不够，子女会感到痛苦。但是，过分的溺爱虽然是一种伟大的情感，却会使子女遭到毁灭。

——马卡连柯

母亲不是赖以依靠的人，而是使依靠成为不必要的人。

——菲席尔

九十、夫妻

1. 夫妻应该主动关怀对方

　　世俗所谓必不可少的东西我是一件也不要的。还有那个"爱""情"之类,似乎无关紧要。只希望你和我好,互不猜忌,也互不称誉,安如平日,你和我说话像对自己说话一样,我和你说话也像对自己说话一样。说吧,和我好吗?

——王小波

　　理想的夫妻关系是情人、朋友、伴侣三者合一的关系,兼有情人的热烈、朋友的宽容和伴侣的体贴。三者缺一,便有点美中不足。然而既然世界上许多婚姻三者全无,你若能有三分之一也就应当知足了。

——周国平

　　怎样做个好丈夫?就是太太在喜欢的时候,你跟着她喜欢,可是太太生气的时候,你不要跟她生气。

——林语堂

　　如果你的丈夫在你的家中生活得很幸福,你也必然会成为一个幸福的妻子。

——卢梭

2. 世界上没有完全契合的夫妻

　　人的婚姻状况可分四个层次:可意、可过、可忍、不可忍。

——张中行

　　对终身伴侣的要求,正如对人生一切的要求一样不能太苛。只有长处而没有短处的人在哪儿呢?世界上究竟有没有十全十美的人或事物呢?抚躬自问,自己又完美到什么程度呢？这一类的问题想必你考虑过不止一次。我觉得最主要的还是本质的善良，天性的温厚，开阔的胸襟。有了这三样，其他都可以逐渐培养，而且有了这三样，将来即使遇到大大小小的风波也不致变成悲剧。

——《傅雷家书》

夫妻是这世界上最亲密的关系，为什么会发生矛盾呢？因为夫妻之间存在着明显的利害关系，当事者却不愿意承认，只是盲目地向对方索取爱。人们不是因为结婚受到束缚，而是因为执着，因为依赖。这时应该抛弃依赖之心，放弃执着，才能感觉不到痛苦，自由自在地享受婚姻生活。

——智光大师

3.夫妻相处有讲究

夫妇之间，隐微之际，正始之道，所系尤重，故观人者于此为尤切也。

——朱子

古语说，"君子之交淡如水"；又有一句话说，"夫妇相敬如宾"。可见只有平静、含蓄、温和的感情方能持久，夫妇到后来完全是一种知己朋友的关系，也即是我们所谓的终身伴侣。

——傅雷

人与人之间必须有一定的距离，相爱的人也不例外。婚姻之所以容易终成悲剧，就是因为它在客观上使得这个必要的距离难以保持。一旦没有了距离，分寸感便丧失。随之丧失的是美感、自由感、彼此的宽容和尊重，最后是爱情。相爱的人要亲密有间，即使结了婚，两个人之间仍应保持一个必要的距离。所谓必要的距离是指，各人仍应是独立的个人，并把对方作为独立的个人予以尊重。

——周国平

爱情应该给人一种自由感，而不是囚禁感。

——戴维·赫伯特·劳伦斯

婚姻的结合要求夫妇双方都要忠实，忠实是一切权利中最神圣的权利。

——卢梭

青年男女应当保持真诚的关系,也就是说,要有这样一种关系:无论对任何事物,不夸大,也不低估。如果彼此不欺骗,如果尊重自己也尊重他人,这时候,不管保持什么样的关系——友谊的、爱慕的等等关系——那都是健全的关系。

——马卡连柯

猜疑和嫉妒之心是破坏夫妻关系的腐蚀剂,它会给家庭生活带来不幸。

——卢梭

所有婚姻的专家,都同意性的配合是绝对必需。

——戴尔·卡耐基

九十一、女人

1. 漂亮优美的形象

回眸一笑百媚生，六宫粉黛无颜色。

——白居易

优雅知性的女人，应该是这样的：永远得体的装扮，永远脱俗的气质，永远微笑着聆听，谈吐文雅大方，从不张扬，不会浓妆艳抹，不会紧跟时尚但修饰十分得体，让自己从里到外都散发出动人的光芒。

——杨澜

美貌是一粒换骨的仙丹，它会使扶杖的衰龄返老还童。

——莎士比亚

2. 夺人心魄的韵味

女性美是人类美的最高表现，这种美中可以看到新生命的诞生，看到美好事物的生长、开花和凋落。

——苏霍姆林斯基

有许多妇女似乎并不具备夺目的外表，但同时却能吸引人，使人十分喜爱，其秘密就是精神上的魅力和真正的女性气质。

——苏霍姆林斯基

3. 无与伦比的价值

上可相夫，下可教子，近可宜家，远可善种，妇道既昌，千室良善，岂不然哉，岂不然哉！

——梁启超

女人有两种，一种是母亲式的，一种是情人式的——我听到过几个有学问的人这样说。如果用季节来作比，那么，母亲便是雨季。她赠给我们清水和鲜果，调节酷热，又从天上洒下来，驱走干旱。她使人富足。情人式的女人却像春天。它非常神秘，充满了甜蜜的魅力。它从来不肯安分，在血液里掀起浪涛，又窜进心灵的宝库，去拨动它里面的金七弦琴上的寂寞无声的丝弦，使肉体和心灵都弹奏出无字的音乐。

——泰戈尔

善良的女性会把生活里的黑暗变成光明。

——狄更斯

女人的微笑会赶走屋里的一切灾殃。

——泰戈尔

妇女天赋具有贞洁、谦恭、温顺的被动品质，她们比男人具有更大的自我牺牲力量。

——泰戈尔

九十二、男人

1. 庄严大气

丈夫志不大，何以佐乾坤。

——邵谒

以大度兼容，则万物兼济。

——江少虞

好男人是可以有非常不同的个性和形象的。如果一定要我提出一个标准，那么，我只能说，他们的共同特点是对人生，包括对爱情有一种根本的严肃性。

——周国平

2. 海纳百川

天下之水，莫大于海，万川归之，不知何时止而不盈；尾闾泄之，不知何时已而不虚，春秋不变，水旱不知。

——庄子

山不厌高，水不厌深；周公吐哺，天下归心。

——曹操

男人有四个优秀品质：毅力、勇敢、包容、智慧。什么叫毅力？别人认为痛的时候、看不见光明的时候，你看见了黑暗尽头的光明。什么叫勇敢？当你勇敢的时候会奋不顾身。什么叫包容？把所有的是非恩怨搁在肚子里消化。什么叫智慧？不随波逐流，能看到别人看不到的层面。

——冯仑

世界上最宽阔的是海洋，比海洋更宽阔的是天空，比天空更宽阔的是人的心胸。

—— 雨果

3. 男女之比较

一般而论，男性重行动，女性重感情，男性长于抽象观念，女性长于感性直觉，男性用刚强有力的线条勾画出人生的轮廓，女性为之抹上美丽柔和的色彩。女人总是把大道理扯成小事情。男人总是把小事情扯成大道理。男人通过征服世界而征服女人，女人通过征服男人而征服世界。男人是突然老的，女人是逐渐老的。我最厌恶的缺点，在男人身上是懦弱和吝啬，在女人身上是粗鲁和庸俗。

—— 周国平

智慧的男人多数要娶不太精明的老婆，智慧的女人多数要嫁不太精明的丈夫。

—— 林语堂

最使女人欣慰的是挫伤男人的自负，最使男人欣慰的是满足女人的自负。

—— 萧伯纳

女人比男人富有同情心，比较易于感动落泪，同时，比较爱嫉妒，比较爱发牢骚，比较容易骂人或打架。

—— 亚里士多德

女性的灵魂，永远需要爱别人，需要被别人爱。

—— 罗曼·罗兰

九十三、青春

1. 青春是美丽的

我始终记住：青春是美丽的东西，而且对我来说永远是鼓舞的源泉。

——巴金

青年如初春，如朝日，如百卉之萌动，如利刃之新发于硎，人生最可宝贵之时期也。青年之于社会，犹如新鲜活泼细胞之于人身。人身遵守新陈代谢之道则健康，社会遵守新陈代谢之道则隆盛。

——陈独秀

青春是革命的柱石，青春是革命果实的保卫者，是使历史加速向更美好的世界前进的力量。

——宋庆龄

青春是美丽的。但一个人的青春可以平庸无奇；也可以放射出英雄的火花。可以因虚度而懊恼；也可以用结结实实的步子，走到辉煌壮丽的成年。

——魏巍

青春是人生最快乐的时光，这种快乐往往是因为它充满着希望。

——托马斯·卡莱尔

2. 青春是编织梦想的时光

青年是人生的骄傲，也是时代未来的希望。在这个年纪里，谁都有自己的理想和梦，谁不是盈溢着饱满的热情勇气与生命力？没有什么能够形容出年轻人的风采与气概，也没有什么能阻挡年轻的一代对于真理的追求，因为青年拥有最可贵的一些品质，同时还拥有光辉美丽的明天。

—— 林伯渠

我是个学问趣味方面极多的人，我之所以不能专积有成者在此。然而我的生活内容异常丰富。能够永葆不厌不倦的精神。我每历若干时侯，趣味转过新方面，便觉像换个新生命，如朝旭升天，如新荷出水。

—— 梁启超

谁能保持永远的青春，谁便是伟大的人。

—— 郭沫若

年轻时是我们唯一拥有权利去编织梦想的时光。

—— 李嘉诚

生活赋予我们一种伟大的和无限高贵的礼品，这就是青春：充满着力量，充满着期待、志愿，充满着求知和斗争的志向，充满着希望、信心的春。

—— 奥斯特洛夫斯基

青春，象插着诗意的羽毛。布满幻想的神经的翅膀，载着年轻人飞向九霄云天。他们看到宇宙沐浴在彩虹的绚丽光芒中，他们听见生活在高唱光荣、伟大的颂歌。

—— 纪伯伦

谁能把青春保持到老年，不让自己的灵魂冷却、变硬、僵化，谁就是幸福的人。

—— 别林斯基

3. 青春是绽放美丽花朵的岁月

青年之文明，奋斗之文明也，与环境奋斗，与时代奋斗，与经验奋斗。故青年者，人生之王，人生之春，人生之华也。青年之字典，无"困难"之字，青年之口头，无"障碍"之语惟知奋进，帷知雄飞，惟知本其自由之精神，奇僻之思想，锐敏之直觉，活泼之生命，以创造环境，征服历史。

——李大钊

少年智则国智，少年富则国富，少年强则国强，少年独立则国独立，少年自由则国自由，少年进步则国进步，少年胜于欧洲，则国胜于欧洲，少年雄于地球，则国雄于地球。

——梁启超

人的一生中关键的就那么几步，特别是在年轻的时候。

——路遥

青年时种下什么，老年时就收获什么。

——易卜生

九十四、老年

1.夕阳无限好,只是近黄昏

芳林新叶催陈叶,流水前波让后波。

—— 刘禹锡

日薄西山,气息奄奄,人命危浅,朝不虑夕。

—— 李密

老年人心灵上的皱纹比脸上的皱纹要多;我从未看见或很少看见,日益变老的灵魂没有酸臭味和霉味。人在一生中既在成长也在衰老。

—— 蒙田

曾经是可爱的人到老年最有害的荒唐就是他们忘记了自己不再是可爱的。

—— 拉罗什福科

2.年景虽云暮,霞光犹灿然

莫道桑榆晚,为霞尚满天。

—— 刘禹锡

老骥伏枥,志在千里。烈士暮年,壮心不已。

—— 曹操

老当益壮，宁移白首之心？穷且益坚，不坠青云之志。酌贪泉而觉爽，处涸辙以犹欢。北海虽赊，扶摇可接；东隅已逝，桑榆非晚。

——王勃

天意怜幽草，人间重晚晴。

——李商隐

不羞老圃秋容淡，且看寒花晚节香。

——韩琦

勿言年齿暮，寻途尚不迷。

——沈炯

苍龙日暮还行雨，老树春深更著花。

——顾炎武

枯松晚岁，无改节于风霜；老骥余年，期尽力于蹄足。

——李白

年纪一点点老，知识经验一点一点丰富，他的灵魂也变成更加美丽了。

——张闻天

那时候，你还很年轻，人们都说你美。现在，我是特意来告诉你，对我来说，我觉得现在你比年轻的时候更美。与你那时的面貌相比，我更爱你现在备受摧残的面容。

——玛格丽特·杜拉斯

一般地说，老年人较为宽容，少年人终是处处不满足。老年人的宽容并不是完全漠不关心，而是由于判断事理已经到了炉火纯青，就是对于次等的事物也能知足。

——黑格尔

3. 暮岁皆宜淡，怡然养天年

身安不如心安，心安强如屋宽。

——石天基

人生难得老来闲。

——元好问

口中言少，心头事少，肚中食少，自然睡少，依此四少，神仙可了。

——郑瑄

不见闲人精力长，但见劳人筋骨实。

——徐荣

精神不运则愚，气血不运则病。

——梁裔介

水之性不杂则清。封闭而不流，亦不能清。此养神之道也，散步可以养神。

——曹庭栋

发宜多梳，齿宜多叩，液宜常咽，气宜常炼，手宜在面。此五者，所谓"欲死不死修昆仑"也。

——梁章钜

以方药治病，不若以起居饮食调摄于未病。

——曹庭栋

起居之不时，饮食之无节，侈于嗜欲，而惰于运动，此数者，致病之大源也。

——王国维

养生之道，莫大于惩忿窒欲。

——蔡锷

避色如避难，冷暖随时换，少饮卯时酒，莫吃申时饭。

——邝湛若

妨碍休息和一定的睡眠是直接自杀。

——徐特立

寿与众伴，寿与动伴，寿与艺伴，寿与绿伴，寿与笑伴，寿与德伴，寿与美伴。

——徐成文

九十五、健康

1. 健康是最大的财富

健康的身体是灵魂的客厅，病弱的身体是灵魂的监狱。

——培根

健康是智慧的条件，是愉快的标志。

——爱默生

2. 心情愉快是健康的根本

《论语》云"仁者寿"，凡气之温和者寿，质之慈良者寿，量之宽容者寿，言之简默者寿，盖四个皆仁之端也，故曰仁者寿。

——方苞

仁则寿，恶则谴；功则寿，过则减；养则寿，戕则损。

——张三丰

健康要道，端在正心；喜怒不萦于胸襟，荣辱不扰乎方寸；毋虑毋忧，即是长生圣药；常开笑口，便是却病良方。

——张大千

世界上最好的医生，是饮食有度、保持平安愉悦的心情。

——戴尔·卡耐基

一切的和谐与平衡、健康与健美、成功与幸福，都是由乐观与希望的向上心理产生与造成的。

—— 华盛顿

3. 适度运动是健康的源泉

流水不腐，户枢不蠹，动也。

—— 吕不韦

体育使整个有机体得到自然的、和谐的发展。

—— 杜勃罗留波夫

当有病时就要努力恢复健康，当健康时则应当经常从事锻炼。

—— 培根

身体的健康因静止不动而破坏，因运动练习而长期保持。

—— 苏格拉底

体育是增进青年健康的重要手段。要想成为一个健康的人，要想保持生活上有更多的乐趣，那你们就应该从事体育活动。

—— 加里宁

经常体育锻炼，不仅能发展身体的美和动作的和谐，而且能形成人的性格，锻炼意志力。

—— 苏霍姆林斯基

在体育运动中，人们学到的不仅仅是比赛，还有尊重他人、生活伦理、如何度过自己的一生以及如何对待自己的同类。

—— 杰西·斯

九十六、快乐

1. 生活就是行乐

快乐常常不是要等到艰苦之后,而是即在艰苦之中。

—— 谢觉哉

像孩子一样快乐,像孩子一样简单,像孩子一样好奇。每个人在历史长河中,不管你活多大,在天地之间都是一个孩子。岁月你是挡不住的,生命规律不可抗拒,但你的心可以永远年轻。

—— 阎肃

寻求快乐——是一种自发的、普遍的、不可抵抗的趋势,它渗透于从最高级到最低级的一切生命之中。

—— 哈代

人的才能就在于使生活快乐,在于用灿烂的色彩,使他生活的阴暗环境明亮起来。

—— 伊巴涅斯

真正的快乐是对生活的乐观,对工作的愉快,对事业的兴奋。

—— 爱因斯坦

应该笑着面对生活,不管一切如何。

—— 伏契克

无忧无虑是美满生活的最基本条件。

—— 西塞罗

如果怀着愉快的心情谈起悲伤的事情，悲伤就会烟消云散。

—— 高尔基

笑，就是阳光，它能消除人们脸上的冬色。

—— 雨果

2. 知足常乐

乐莫大于无忧，富莫大于知足。

—— 嵇康

知足者仙境，不知足者凡境。因出世上，善用者生机，不善用者杀机。

—— 洪应明

在道家看来，世界上最快乐的人，是那些不受外物所累，不受世人所求的无忧无虑的人。

—— 林语堂

我们对于人生可以抱着比较轻快随便的态度；我们不是这个尘世的永久房屋，而是过路的旅客。这种达观产生宽宏的怀抱，能使人带着温和的心理度过一生，丢开功名利禄，乐观知命地过生活。

—— 林语堂

人之所以活得累，是因为放不下架子，撕不开面子，解不开情绪。

—— 于丹

3. 仁爱必乐

愉快的精神是积极的，不是消极的；是前进的，不是保守的。

—— 邹韬奋

一个人只要能"忘我"和爱别人，他在心理上就不会失衡，他就是一个幸福的人和完美的人。

——托尔斯泰

乐观是希望的明灯，它指引着你从危险峡谷中步向坦途，使你得到新的生命新的希望，支持着你的理想永不泯灭。

——达尔文

快乐是最强的补品。

——赫·斯宾塞

不应该追求一切种类的快乐，应该只追求高尚的快乐。

——德谟克里特

4. 追求生乐

人生的快乐，就是知识的快乐，做研究的快乐，找真理的快乐，求证的快乐，从求知识的欲望与方法中深深体会到人生是有限，知识是无穷的，以有限的人生，去探求无限的知识，实在是非常快乐的。

——胡适

李鸿章晚年手书的一帧条幅发人深省，上联：享清福不在为官，只要囊有钱，仓有米，腹有诗书，便是山中宰相；下联：祈寿年无须服药，但愿身无病，心无忧，门无债主，可为地上神仙。横批：天天快乐！

——袁腾飞

世界上最快乐的事，莫过于为理想而奋斗。

——苏格拉底

一个人的快乐在于脚踏实地地工作。

——马可·奥勒利乌斯

知识和学习的快乐和欣喜在本质上远远胜过其他所有的快乐。

——培根

所有快乐中，最伟大的快乐存在于对真理的沉思之中。

——阿奎那

不是一切快乐，只是正直高尚的快乐才能够成幸福。

——托马斯·莫尔

九十七、闲适

1. 不为有功之功,不为有名之名

知天乐者,无天怨,无人非,无物累。

—— 庄子

茶,香叶,嫩芽。慕诗客,爱憎家。碾雕白玉,罗织红纱。铫煎黄蕊色,婉转菊尘花。夜后邀陪明月,晨前命对朝霞。洗尽古今人不倦,将知醉后岂堪夸。

—— 元稹

人莫乐与闲,非无所事事之谓也。闲则能读书,闲则能游名胜,闲则能交益友,闲则能饮酒,闲则能著书。天下之乐事,孰大于是。

—— 张潮

昼闲人寂,听数声鸟语悠扬,不觉耳根尽彻;夜静天高,看一片云光舒卷,顿令眼界惧空。

—— 洪应明

宁为宇宙闲吟客,怕作乾坤窃禄人。

—— 杜荀鹤

应事接物常觉心中有从容闲暇时,才见涵养。

—— 弘一大师

山光悦鸟性,潭影空人心。

—— 常建

我们只有知道一个国家人民生活的乐趣，才会真正了解这个国家，正如我们只有知道一个人怎样利用闲暇时光，才会真正了解这个人一样。只有当一个人歇下他手头不得不干的事情，开始做他喜欢做的事情时，他的个性才会显露出来。只有当社会与公务的压力消失，金钱、名誉和野心的刺激离去，精神可以随心所欲地游荡时，我们才会看到一个内在的人，看到他真正的自我。

——林语堂

　　世上有味之事，包括诗、酒、哲学、爱情，往往无用。吟无用之诗，醉无用之酒，读无用之书，钟无用之情，终于成一无用之人，却因此活得有滋有味。

——周国平

2. 少欲则心静，心静则事简

　　小人好争利，昼夜心营营；君子贵知足，知足万虑轻。

——赵孟頫

　　不为物累，觉得身心其轻。

——薛瑄

　　外物得亦不喜，失亦不怒，则心定矣。得失而喜怒焉，是犹累于外物而心未定也。

——薛瑄

　　人们牺牲了闲暇才得到富裕，当富裕带来唯一令人满意的自由的时候，我们为了富裕而又不得不牺牲，这种富裕对我们有什么意义呢？没有精神活动的闲暇是一种死，等于人们活着就被埋葬。

——塞内卡

3. 忙碌诚可贵，闲暇亦神圣

　　古之治道者，以恬养知。

——庄子

圣人观于天而不助，成于德而不累。

——庄子

水清则见毫毛，心清则见天理。

——薛瑄

风流不在谈锋胜，袖手无言味最长。

——黄升

水能性淡为吾友，竹解心虚即我师。

——白居易

流年不复记，但见花开为春，花落为秋；终岁无所营，惟知日出而作，日入而息。

——陈继儒

有书真富贵，无事小神仙。

——载沣

阅陶（渊明）诗全部，取其大闲适者记出，将钞一册，合之杜（甫）、韦（庄）、白（居易）、苏（轼）、陆（游）五家之闲适诗纂成一集，以备朝夕讽诵，洗涤名利争胜之心。

——曾国藩

在中国文人身上，从来有励志和闲情两面。励志，是经世济用，追求功名，为儒家所推崇。闲情，就是逍遥自在，超脱功名，为道家所提倡。对闲情不可等闲视之，它是中国特色的人性的解放，性灵的表达，在中国文化传统和文人生活中所占的分量很重。

——周国平

旅行是一种学习，它给你用一双婴儿的眼睛去看世界，去看不同的社会，让你变得更宽容，让你理解不同的价值观，让你更好地懂得去爱、去珍惜。旅行让你以另外一种身份开始一种新的生活，进行新的尝试，让你重新发现自己。

——毕淑敏

我们的祖先将音乐引入教育，并非因为它是生活中必不可少的内容，或者具有实用性。然而音乐确有自己的价值：它是闲暇时的智力享受。正是由于这一点，它当初才被引入教育科目。它是被认为一个自由人应该选择的度过闲暇的方式之一。

——亚里士多德

闲暇是哲学之母。

——霍布斯

一个明哲追求幸福的人，除了他藉以建立生命的主要兴趣之外，总得设法培养多少闲情逸兴。

——罗素

九十八、幸福

1. 幸福是人的最高追求

人皆求生活,而又求好的生活——幸福,以及最好的生活——最大的幸福。凡人所做之事物,如所谓经济、宗教、思想、教育等,皆所以使人得生活或好的生活者。

——冯友兰

哲学家们都承认:人生最高目的是幸福。幸福是一种享受。享受者或为肉体,或为心灵。人既有肉体,即不能没有肉体的享受。我们不必如持禁欲主义的清教徒之不近人情,但是我们也须明白:肉体的享受不是人类最上的享受,而是人类与鸡豚狗彘所共有的。人类最上的享受是心灵的享受。哪些才是心灵的享受呢?就是上文所述的真善美三种价值。

——朱光潜

幸福生活是我们天生的最高的善。

——伊壁鸠鲁

幸福是内心的愉悦。追求幸福乃是人类活动的唯一动力。

——卢梭

如果我们要问"人类主要关注的是什么?"我们应该能听到一种答案:幸福。

——威廉·詹姆斯

2. 幸福是心灵的感觉

幸福并不与财富、地位、声望、婚姻同步,它只是心灵的感觉。所以,当我们一无所有的时候,我们也能够说:我很幸福。因为我们还有健康的身体。当我们不再享有健康的时候，那些最勇敢的人可以依然微笑着说：我很幸福。因为我还有一颗健康的心。甚至当我们连心也不再存在的时候，那些人类最优秀的分子仍旧可以对宇宙大声说：我很幸福。因为我曾经生活过。

—— 毕淑敏

幸福是灵魂的一种香味，是一颗歌唱的心和声。

—— 罗曼·罗兰

幸福就是一双鞋合不合适只有自己一个人知道。

—— 大仲马

应该为了灵魂而借助外物，不要为了外物竟然使自己的灵魂处于屈从的地位。

—— 亚里士多德

3. 幸福是生命意义的实现

想一个人是一种温馨，被别人想念是一种幸福。

—— 于丹

历史认为那些专为公共谋福利从而自己也高尚起来的人物是伟大的。经验证明能使大多数人得到幸福的人，他本身也是幸福的。

—— 马克思

攀登顶峰，这种奋斗的本身就足以充实人的心。人们必须相信，登山不止就是幸福。

—— 加缪

如果有一天，我能够对我的公共利益有所贡献，我就会认为自己是世界上最幸福的人了。

—— 果戈里

生活中最大的幸福就是有人爱我们。

—— 雨果

如果忘却自己而爱别人，将会获得安静、幸福和高尚。

—— 列夫·托尔斯泰

4. 幸福其实很简单

有工夫读书，谓之福；有力量济人，谓之福；有明道济世著述，谓之福；有聪明浑厚资质，谓之福；无是非到耳，谓之福；无疾病缠身，谓之福；无尘俗撄心，谓之福；无兵凶荒歉之岁，谓之福。

—— 金缨

人在世上不妨去追求种种幸福，但不要忘了最重要的幸福就在你自己身边，那就是平凡的亲情。

—— 周国平

人生幸福无非四件事：一是睡在自家床上；二是吃父母做的饭菜；三是听爱人讲情话；四是跟孩子做游戏。

—— 林语堂

幸福就是：寻常的人儿依旧；老人还能自己走到街角买两副烧饼油条回头叫你起床；平常没空见面的人一接到你的电话立即出现在你门口；早上挥手说"再见"的人，晚上又平平常常回来了。

—— 龙应台

我从自身的经验中发现：真正的幸福的源泉在我们自身，一个人只要自己善于追求幸福，别人是无法使他落到真正悲惨。

—— 卢梭

5. 幸福需要生活智慧

减少欲望就是增加幸福。

——储安平

幸福是自己的,永远不要拿别人来做参照。获得幸福的不二法门是珍视你所拥有的,遗忘你所没有的。

——李嘉诚

假如一个人只是希望幸福,这很容易达到。然而,我们总是希望比其他人幸福,这就是困难所在,因为一般人坚信其他人比自己幸福。

——孟德斯鸠

当一扇幸福的门关起来的时候,另一扇幸福的窗户因此开启;但是,我们经常看着这扇关闭的大门太久,而没有注意到那扇已经为我们开扇的幸福之窗。

——海伦·凯勒

人生幸福起于愿望与能力的平衡。

——卢梭

幸福的家庭是相似的,不幸的家庭各有各的不幸。

——列夫·托尔斯泰

人与人之间本只有很小的差异,但这种很小的差异却往往造成了巨大的差异!很小的差异就是所采取的心态是积极的还是消极的,巨大的差异就是幸福或者不幸。

——莫里斯·梅特林克

九十九、金钱

1. 金钱代表财富

财富是了不起的,因为它意味着力量,意味着闲暇,意味着自由。

——罗威尔

金钱,是财富女神的纯洁力量。有了金钱,你就能够在世界上顺利地从事你喜欢的事业。

——阿基兰

2. 取之有道,袋有心无

不义而富且贵,于我如浮云。

——孔子

有钱的人不一定值钱,但值钱的人迟早会有钱。

——俞敏洪

赚钱并不是无用的事,但如果用不义的手段赚钱,则是最大的恶事。

——德谟克利特

既会花钱,又会赚钱的人,是最幸福的人,因为他享受两种快乐。

——塞缪尔·约翰逊

3. 要做金钱的主人，不做金钱奴隶

金钱可以成为人的奴隶，也可以成为人的主人。

——贺拉斯

如果金钱不是你的仆人，它便将成为你的主人。一个贪婪的人，与其说他拥有财富，不如说财富拥有他。

——培根

金钱的力量不仅能使高贵的人雍容华贵，也完全可以使卑贱的人腐败的人堕落。

——萧伯纳

假使一个人不在金钱里埋葬自己，而能用理性支配金钱，这对他是荣耀，对于别人也有益处！

——高尔基

4. 博施济公，散财共享

钱不是固有和固定的，是无时无刻不在地下潜行的，今天归你，明天不知在何方。财富易手，都是常态。真正的智者，要按照天下财富共有的原则有意识地进行散财。一份给国家，一份老天（被盗、丢失），一份给身体，一份铺桥修路，一份教育子女。如果把财富的去路搞明白了，来路的追逐也没有必要太执着。

——南怀瑾

人们在处理财富上表现过弱（吝啬）或过强（纵滥）的精神都是不适宜的。这里惟有既素朴又宽裕，才是合适的品性。

——亚里士多德

5. 够用为宜，本草是鉴

钱，味甘，大热，有毒。偏能驻颜，采泽流润，善了饥，解困厄之患立验。能利邦国，污贤达，畏清廉。贪者服之，以均平为良；如不均平，则冷热相激，令人霍乱。其

药采无时，采之非礼则伤神。此既流行，能召神灵，通鬼气。如积而不散，则有水火盗贼之灾生；如散而不积，则有饥寒困厄之患至。一积一散为之道，不以为珍谓之德，取与舍宜为之义，无求非分谓之礼，博施济公谓之仁，出不失期谓之信，人不妨己谓之智。以此七术精炼，方可久服之，令人长寿。若服之非礼，则弱志伤神，切须忌之。

——张说

没有钱是悲哀的事，但是金钱过剩则倍过悲哀。

——托尔斯泰

我的收入是跟我的需要和欲望相称的，使我有可能按照个人的志趣选定的方式过幸福而持久的生活。

——培根

一百、生死

1. 生死不由己，来去咫尺间

人，落地时的哭声像最美妙悦耳的乐章，走时昏迷无言像断弦的破琴。任何人生，都是哭着来，哭着走的。生时自己哭，走时亲人哭。人的生不由自主，是父母往人的产物；人的死不由自主，物壮则老，这是普遍的自然规律。

—— 陈先达

死亡就是夜幕降临，回到祖宗的怀抱，没有什么好可怕的。死亡其实是"生的局限性"，是生命的参照物，不理解死亡，就难以找到生的价值。

—— 陶国璋

生与死有什么不同呢？当我们被生下来，高兴的不是自己，而是我们的父母、亲人，当我们死了之后，痛苦的也不是自己，而是我们的子女、亲属。我们不为生而高兴，因为那时不知道高兴，我们不为死而痛哭，因为死后已没有感觉。我们无法为生发言，因为发言时已被生了下来，无论被生在富裕或贫贱的家庭，被生为白、黄或棕、黑的种族，我们都没有资格决定；我们也无法为死流泪，因为再抗议，还是要死，不论是圣贤愚劣、伟人凡夫，我们总得交出自己的生命。我们被一把推上人生的舞台，又被一把扯了下去。似乎生与死这两件人生最大的事，我们一点干涉的权力都没有。幸而在这当中，我们还能有些作为，使自己平凡地生，却能伟大地死；在母亲一人的阵痛中坠地，却能在千万人的哀恸中辞世。

—— 刘墉

爸妈走了以后，我开始考虑死亡。我要怎么走呢？首先，我不会跟死亡太较劲。因为斗争到一定程度后，就没有意义了，死亡肯定会赢的。

—— 洪晃

我们当然有着思想准备，把死亡看作生命的必然归宿。从而同意这样的说法：每个人都欠大自然一笔账，人人都得还清帐。死亡是自然的，不可否认的，无法避免的。

——弗洛伊德

　　我的生命已经黄昏，暮色已经降临。我昔日的风采和荣誉已经消失。他们随着对往昔岁月的憧憬，带着余晖消失了。昔日的记忆奇妙而美好，浸透了泪水、汗水、以及抵达成功彼岸时的艰辛。我尽力但徒然地倾听，然而，一切愈来愈远……

——麦克·阿瑟

2. 活好每一天，甘心不甘心

　　寓形宇内复几时？曷不委心任去留？胡为乎遑遑欲何之？富贵非吾愿，帝乡不可期。怀良辰以孤往，或植杖而耘耔。登东皋以舒啸，临清流而赋诗。聊乘化以归尽，乐夫天命复奚疑！

——陶渊明

　　对于死，惟一合理的态度为"不喜亦不惧"，而求善其死，即死以其道。宗教之发生皆由惧死而求免，实则死乃必然，惟应求不灭死，老而安死为合理的态度。

——张岱年

　　如果寻求解脱，从对死亡的恐惧中解脱出来，最好的方法就是勇敢地面对死亡，快乐地生存，过有意义的生活。

——陈先达

　　过去的生命已经死亡。我对于这死亡有大喜欢，因为我借此知道它曾经存活。

——鲁迅

　　我和谁都不争，和谁争我都不屑。我爱大自然，其次就是艺术。我双手烤着生命之火取暖，火萎了我也准备走了。

——杨绛 译

不要愁老之将至，你老了一定很可爱。而且，假如你老了十岁，我当然也同样老了十岁，世界也老了十岁，上帝也老了十岁，一切都是一样的。

——朱生豪

一个人有生就有死，但只要你活着，就要以最好的方式活下去。

——海子

死者已经进入虚空和永恒的世界，只有活着的人的记忆才将他们留住，带回人间。同样，我们这些活着的人，不能失去他们，因为我们要从忧伤中汲取心灵成长的养分。

——金安平

生如夏花之绚烂，死如秋叶之静美。

——泰戈尔

3. 立就德功言，身后大不朽

人固有一死，或重于泰山，或轻于鸿毛，用之所趋异也。

——司马迁

人生自古谁无死，留取丹心照汗青。

——文天祥

其身殁矣，其言立于后世，此之为死而不朽。

——左丘明

有的人活着已经死了，有的人死了他还活着。

——臧克家

不朽是指人之所以作为，继续存在，或曾经存在，为人所知，不可磨灭者。柏拉图谓：吾人身体中充有不死之原理，故受异性之吸引，以生子孙，以继续吾人之生活。吾人之灵魂中，也有不死之原理，亦求生子孙。中国古亦常谓人有三不朽：太上有立德；其次有立功；其次有立言。人能有所立，其所立即其精神之所寄，所谓其灵魂之子孙；其所立存，其人即亦可谓一不死，故可以不朽名之。

—— 冯友兰

　　人有三不朽：太上有立德，其次有立功，其次有立言。此说至今仍可承认。一人之生存之表现，对于关系近的人而言，是可晤对，对于关系远的大众而言，只在于有影响，知其人。如有创造贡献，能影响后人，千百年后人犹受其益、被其泽、服膺其训教、怀念其功德，仍有一种力量能激发人的精神，能引导人的生活，则即等于仍生存。

—— 张岱年

　　在人生路上披荆斩棘，携手前进的，我觉得必不会有坟墓来葬了你。

—— 陈望道

　　懦夫在未死以前，就已经死过好多次。勇士一生只死过一次。

—— 莎士比亚

　　死者倘不埋在活人的心中，那就真的死掉了。

—— 鲁迅